U0164775

40段
刻骨銘心
的對話
骨病解難Q&A
老中青幼，傷患病痛，各項疑難，
三姑六婆，七嘴八舌，各執一詞，
不如由骨科醫生為你一一解答！
香港中文大學矯形及創傷學系 著
李揚立之醫生 繪
Department of Orthopaedics and Traumatology
CUHK

目錄

綜合骨科

創傷

脊椎

成人關節重建

運動醫學

手、手腕及顯微外科

足及腳踝

小兒骨科

骨關節肌肉腫瘤

骨科康復

序一

尊敬的讀者們，

骨科是一門涵蓋廣泛、對人類健康極其重要的醫學領域。隨着人口老化和生活方式的改變，骨科疾病的發生率越來越高，普羅市民對骨科醫學的認識更為熱切。適逢今年剛好是香港中文大學醫學院矯形外科及創傷學系（骨科）成立40週年，一群於香港中文大學醫學院、威爾斯親王醫院，以及大埔那打素醫院工作的年青骨科醫生，秉承着對大眾社區醫學教育的熱情，為大家著作了這一本《40段刻骨銘心的對話》，幫助大家理解和維護骨骼系統健康，以及對各種疾病進行預防和治療。

本書涵蓋了骨科常見的各種問題，從疾病的病因、發病機制、臨床表現、診斷方法、治療方案以及預後評估等各個方面進行全面、深入的講解。對於一些常見疾病和常用的手術技術，本書還給予了詳細的圖文解說，讓讀者更加容易理解和掌握。我們透過詳盡的解釋和實用的案例，讓讀者們能夠更好地理解骨科疾病的形成原因、相應的治療方法以及如何預防和管理這些疾病。我們還講解了如何適當地應用不同的骨科診斷和治療方法，例如X光、CT電腦掃描、MRI核磁共振、微創手術、物理治療和其他康復治療等等。此外，本書還涵蓋了一些最新的骨科研究成果和專業知識，讓讀者能夠及時了解和掌握骨科醫學的最新發展。我們希望這本書籍能夠為讀者們提供一份有用的參考資料，幫助大家更好地了解和管理自己的身體健康。

這是一本非一般的骨科醫學書籍，而是一本能夠利用簡易貼地的醫學詞彙，加以生動有趣的插畫，就像有醫生在你耳邊chit-chat一樣，深入淺出地為大家解釋常見的骨科疾病。對於普羅大眾，這本書是一本非常容易閱讀的精緻小品。對於醫護從業員，這本書亦是一本非常容易入門的參考書籍。

最後，我要感謝所有參與本書籍創作的骨科兄弟姊妹，特別是為本書付出百分之二百的編輯們，他們的專業知識和經驗為本書籍的撰寫提供了重要的支持和成果。我更要代表香港中文大學醫學院骨科、威爾斯親王醫院以及大埔那打素醫院的骨科團隊，感謝所有讀者們的支持和鼓勵，希望這本書籍能夠為大家提供有益的幫助。

祝好，

容樹恒教授 MH JP
香港中文大學醫學院矯形外科及創傷學系（骨科）系主任

序二

香港中文大學威爾斯親王醫院矯型及創傷外科部門，簡稱骨科，是由香港中文大學和醫院管理局新界東聯網同事組成，就好像兩兄弟無分彼此，一路開山劈石地一起建立起來，轉眼已有四十個年頭。不經不覺，自己由實習醫生做起，在部門工作了整整三十年，見證了部門幾十年，不斷變遷，茁壯成長，亦和各個年代同事面對各種經歷：回歸、沙士疫情、新冠肺炎疫情、甚至社會事件，都是畢生難忘的經歷。四十而不惑，出自孔子的《論語．為政》。四十，正是不惑之年，部門同事都認清自己道路，不再疑惑。這部四十週年紀念冊亦正是同事們藉着機會，運用多年修習的專業知識，釐清一些大眾市民在骨科範疇上的困惑，深入淺出，正是醫院管理局的核心價值，「以人為先，專業為本」。

郭健安醫生

威爾斯親王醫院骨科部門總管

序三

慶祝中大骨科踏入「不惑」之年

一把手術刀，可以治療疾病；一支畫筆，亦可排憂解惑。今年是中大醫學院矯形外科及創傷學系成立四十週年，系內同事精心製作了這本醫學教育故事書，深入淺出講解常見的骨科問題，以「筆」為大人及小孩解「惑」，費了不少心思。此書實在是慶祝學系踏入「不惑」之年的別出心裁之舉。

這故事繪本由32位骨科同事合力創作，插圖由「中大傑出醫科校友」兼骨科專科醫生李揚立之一手包辦。李揚醫生早前為小朋友們創作的動物抗疫繪本於全球熱傳，她多年來除了行醫服務病人，常以畫作為病童帶來歡樂，醫病亦醫心。

矯形外科及創傷學系自1982年成立起，培育了不少成就超卓的俠骨仁醫，四十年來致力在臨床醫療、研究、教育上追求卓越突破，為香港醫療體系作育英才，服務市民大眾。就以這繪本團隊成員為例，現任學系主任兼校友容樹恒教授，帶領香港運動醫學接上世界軌道，亦是運動員追逐奧運金牌夢的最強後盾。而另一位榮獲「傑出醫科校友」的羅尚尉醫生參與不少人道救援工作，十多年來一直義助數百名因大地震而截肢的倖存者，備受同儕和病人的敬重。在醫學創新方面，學系的科研成果屢獲國際肯定，更將研究轉化為社會所用，造福人群。

我謹藉此機會衷心感謝學系過去四十年為醫學院和社會作出卓越貢獻，培育出位位才德兼備的醫生。又願書中的骨科知識，也可以像一顆種子，在社區中落地、發芽和成長。

陳家亮教授
香港中文大學醫學院院長
卓敏內科及藥物治療學講座教授

綜合骨科

小腿骨骨折，
要搵骨科醫生。

手腕骨骨折，
要搵骨科醫生。

咁樣，
肋骨骨折，
頭顱骨骨折，
都要搵
骨科醫生嗎？

我懷疑自己肋骨骨折，係咪應該睇骨科醫生？其實骨科醫生做咩嘢？

李家琳醫生

很多人對骨科醫生的第一印象，就是治療身體各種骨頭毛病，例如骨折、骨瘤和關節退化的問題。如名所示，骨科醫生的治療對象的確離不開骨骼系統。可是，並不是身上每一寸骨頭都屬於骨科所醫治的範圍。肋骨、鼻樑骨、下顎骨，甚至頭顱骨等等都是常見的「疑似骨科問題」。

矯形外科及創傷學系（又名骨科）的醫生負責處理與肌肉骨骼系統有關的疾病，不分老年、成年人或小童。範圍包括所有上肢、下肢、盆腔及脊椎的骨頭、關節、肌肉、筋腱、韌帶、神經線及血管的疾病。骨科醫生除了操手術刀外，亦經常需要手執電鑽、電鋸、錘子和螺絲批等工具進行手術，因此俗稱醫學界的木匠。
在香港，骨科專科常見的分科為九個範疇，分別為創傷、成人關節重建、運動醫學、脊椎、手、手腕及顯微外科、足及腳踝、小兒骨科、骨關節肌肉腫瘤，以及骨科復康。本書亦會涵蓋這九個範疇的各種內容，讓讀者更能認識各科的常見問題。

當然，每個分科都有其灰色地帶。脊椎是其中一例。在本港，大多數神經外科醫生都會進行脊柱手術，其手術範圍有可能與骨科脊椎重疊。另外，血管外科醫生也會修補血管，但主要集中在腹腔和下肢的血管。診症方面，內科風濕科醫生也會醫治發炎的關節病，有時亦為發炎的關節進行注射。在外國，手和重建顯微手術經常歸納於整形外科，並不屬於骨科。

至於位處胸部的骨折，例如肋骨骨折，通常由外科醫生或心胸外科醫生治療。顱骨骨折由神經外科醫生主理，而眼睛、鼻子和面部的骨折分別由眼科、耳鼻喉科或頭頸外科和整形外科醫生處理。

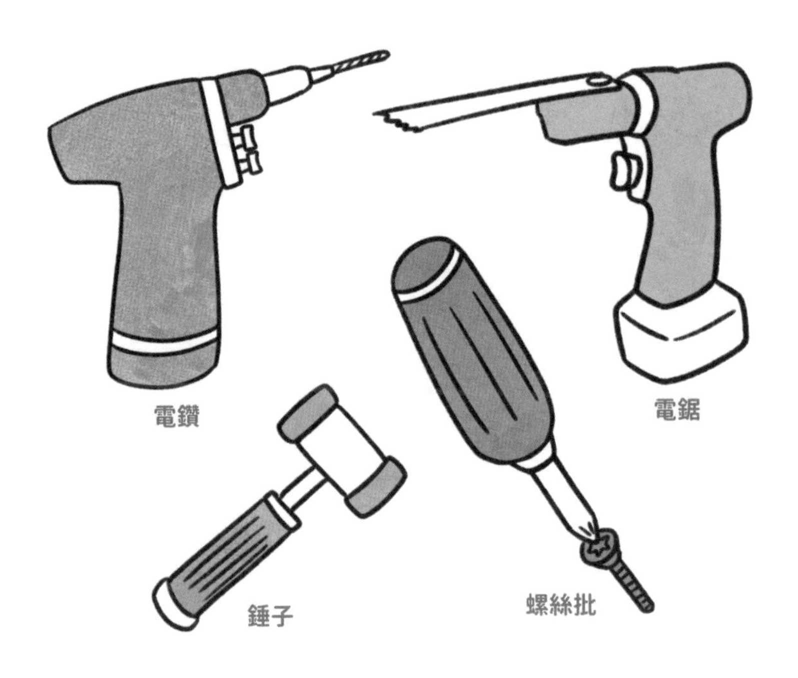
電鑽
電鋸
錘子
螺絲批

哎呀！周身骨痛……
唔通係
骨質疏鬆？

吓？原來我冇骨質疏鬆！

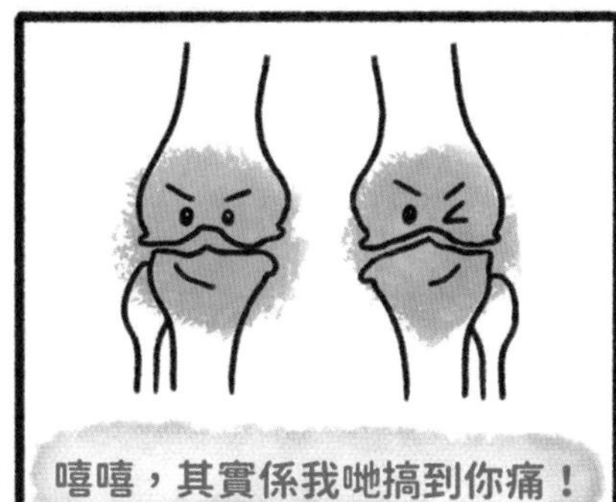
嘻嘻，其實係我哋搞到你痛！

周身骨痛，係骨質疏鬆？

羅尚尉醫生

人老咗，周身骨痛好平常啫！

很多老友記就算飽受周身骨痛問題困擾，卻未必清楚疼痛是源自肌肉、骨骼抑或筋腱，更何況背後成因多不勝數，包括關節退化、坐骨神經痛、骨腫瘤等等，更別論可以自己單靠疼痛判斷成因了。骨質疏鬆可以沒有明顯病徵[1]，那麼周身骨痛是否就與骨質疏鬆無關呢？

急性骨痛頗為常見，如果病人明明沒受過猛烈撞擊，平常也無病無痛，但早上做完家務、下午打了個噴嚏就發覺腰背劇烈疼痛，就要當心可能是骨質疏鬆而引起腰椎骨折了[2]。腰椎是脆性骨折其中一個常見部位，原因是骨質流失加劇而導致骨質疏鬆。骨質疏鬆是一種骨骼疾病，年紀大、已過更年期的女士、過瘦過輕、患有其他慢性疾病、少做負重運動、需要使用類固醇藥物和吸煙飲酒都是骨質疏鬆的高危因素。

一般來說，我們的骨質於童年及青春期迅速增長，在三十多歲時到達頂峰，但之後骨質流失開始變得明顯。已過更年期的女士受雌激素下降影響，骨質流失情況往往比男士嚴重，骨骼孔隙變大，一旦患上骨質疏鬆將大大增加發生骨折的機會。可怕的是這個過程無聲無息，病人可能直至發生脆性骨折才知道自己患病。此時除了要應付骨質疏鬆，還要處理骨折問題，將令問題變得更棘手。

醫生，咁你喺X光度見唔見到我有冇骨質疏鬆呀？

坊間不少社區活動提供免費超聲波骨質密度篩查，在腳眼塗上啫喱即可快速進行初步評估。而雙能量X光吸收測量儀（Dual-energy X-ray Absorptiometry, DEXA）是世界衛生組織認可的方法，分析腰椎和髖部的骨質密度，並提供準確的結果。醫生會根據DEXA檢查得出的T值（T-score）評估病人是否患有骨質疏鬆：

骨質密度	T值
正常	負1或以上
骨量減少	負1至負2.5
骨質疏鬆	負2.5或以下
嚴重骨質疏鬆	低於負3.0，或一年內曾因骨質疏鬆發生骨折

亞洲人骨質疏鬆自我評量表（Osteoporosis Self-assessment Tool for Asians, OSTA）也是讓65歲以上女士作自我評估的簡單方法。只需計算經簡化後「年齡減體重（公斤）」的公式，即可初步估算自己患上骨質疏鬆的風險。如果數值高過20，即患上骨質疏鬆機會相對較高[3,4]！除此之外，醫生會透過FRAX骨折風險評估工具判斷病人十年內主要部位及髖部骨折的風險，以及是否需要以藥物治療跟進。大家一起透過以下問題作簡單測試，如果有超過一個答案為「是」，不妨諮詢醫生意見，評估是否需要作進一步的骨質疏鬆檢查。

是否60歲或以上？	是	否
50歲過後曾有否骨折？	是	否
體重過輕？（身體質量指數BMI低於19*） *將體重（公斤）除以身高（厘米）的平方	是	否
過往曾發生骨折？	是	否
父親或母親曾發生髖部骨折？	是	否
有吸煙習慣？	是	否
需要長期使用類固醇藥物？	是	否
患有糖尿病、類風濕性關節炎、甲狀腺機能亢進、性腺功能低下或早發性停經？	是	否
有喝酒習慣？	是	否

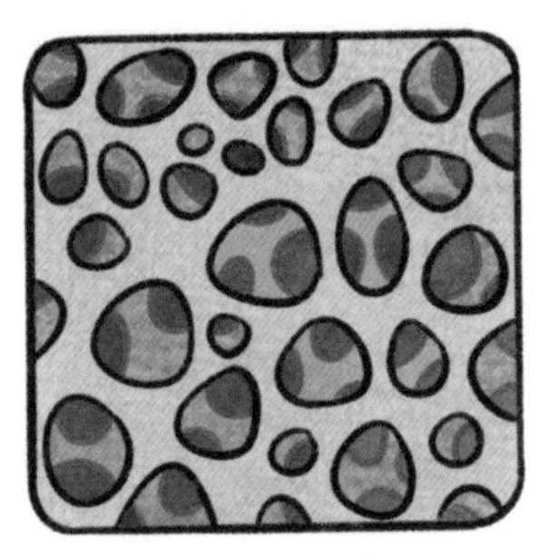

正常密度

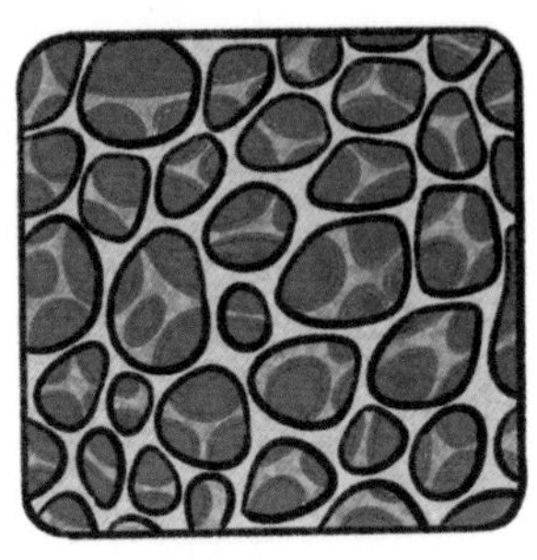

骨質疏鬆

資料來源

1. Cosman F, de Beur SJ, LeBoff MS, et al. Clinician's Guide to Prevention and Treatment of Osteoporosis published correction appears in Osteoporos Int. 2015 Jul;26(7):2045-7. *Osteoporos Int.* 2014;25(10):2359-2381. doi:10.1007/s00198-014-2794-2

2. Alexandru D, So W. Evaluation and management of vertebral compression fractures. *Perm J.* 2012;16(4):46-51. doi:10.7812/TPP/12-037

3. Muslim D, Mohd E, Sallehudin A, Tengku Muzaffar T, Ezane A. Performance of Osteoporosis Self-assessment Tool for Asian (OSTA) for Primary Osteoporosis in Post-menopausal Malay Women. *Malays Orthop J.* 2012;6(1):35-39. doi:10.5704/MOJ.1203.011

4. Subramaniam S, Ima-Nirwana S, Chin KY. Performance of Osteoporosis Self-Assessment Tool (OST) in Predicting Osteoporosis-A Review. *Int J Environ Res Public Health.* 2018;15(7):1445. Published 2018 Jul 9. doi:10.3390/ijerph15071445

年紀大要食鈣片補鈣啊！
仲要食維他命D！

街坊介紹呢隻葡萄糖胺！
聽講要食骨膠原！

咁多藥！
到底係應該食邊一隻先啱？

骨質疏鬆藥物點選擇？靠鈣片同維他命D足夠嗎？

羅尚尉醫生

骨質疏鬆可以導致嚴重骨折，治療對改善骨質密度和預防骨折起關鍵作用。講到治療，許多人會聯想到鈣質攝取。不少病人求醫時都以為骨質疏鬆治療方法就是吃鈣片，並誤解鈣片是治療骨質疏鬆的藥物。作為營養補充品，假如日常飲食上鈣質攝取不足夠世衛建議51歲以上女士每天1,200毫克的攝取量[1]，鈣片對身體補充鈣質無疑具正面作用，因此醫生通常在處方骨質疏鬆藥物的同時通常會給予病人鈣片。

然而遠水未必能救近火，如果病人經檢查後發現患上骨質疏鬆，甚至曾經骨折，單靠鈣片未必足以發揮功效，其間病人可能已經再次發生骨折。骨折一次都嫌多，我們必須在意外發生之前改善骨質密度，因此維他命D和藥物治療的配合十分重要。維他命D可靠食物攝取及曬太陽讓身體製造，每天800-1000 IU就足夠[1]，因此建議讓皮膚適量接觸陽光，有助身體吸收鈣質。

除咗鈣片之外仲有乜嘢藥可以食？

而要了解藥物治療的功效，首先要認識骨骼的細胞運作原理。像舊樓重建一樣，骨骼中存在破骨細胞與成骨細胞。前者負責將老化和舊的骨骼拆走，後者負責製造新的骨骼，將破骨細胞在骨骼表面製造的小孔修補好，兩者相輔相成，維持骨骼健康。然而隨年紀增加，破骨細胞會慢慢開始比成骨細胞活躍。成骨細胞的工人還來不及建設新房子，破骨細胞的工人就已經把它拆得七零八落，於是骨質密度愈來愈低，增加患上骨質疏鬆和出現骨折的機會。

骨質疏鬆藥物包括抑制破骨細胞與促進成骨細胞兩種，不少病人使用的是抑制破骨細胞藥物，包括口服的雙膦酸鹽，有每天、每星期等使用一次的種類[1]。這類藥物已有多年歷史，臨床上亦見到其成效。惟醫生會提醒病人要清早配以一大杯清水服用，之後半小時內應直立身體避免躺臥，以免腸胃不適[1]。醫生也留意到不少病人會忘記服藥，便建議在日曆表記錄和提醒自己。每半年注射一次的仿保骨素針同樣可抑制破骨細胞，覆診時由醫護人員幫忙注射。

另一類常見的骨質疏鬆藥物為促進成骨細胞，本地研究顯示適合患有嚴重骨質疏鬆的病人，例如T值低過負3或最近曾經骨折[2]。他們隨時有機會骨折，希望透過藥物盡快提升骨質密度，遠離脆性骨折。選擇包括每天自行注射一次的副甲狀腺素針，及每月注射一次同時具備抑制破骨細胞與促進成骨細胞雙重作用的硬化蛋白抑制劑[1,3]。其他藥物還有選擇性雌激素受體調節劑、降血鈣素等，醫生會根據病人情況建議合適藥物。有研究顯示，每三位女士就有一位因骨質疏鬆而導致骨折[4]，但未必每個病人都及時察覺，有機會延誤治療。

打針係咪好過口服？

若發現患上骨質疏鬆，除了應確保均衡飲食和有恆常運動的習慣，更應與醫生研討開始以藥物治療，減低骨折的機率。以下總結了各種骨質疏鬆藥物的資料做參考：

藥物種類		抗蝕骨作用藥物			雙重作用藥物	造骨作用藥物
		雌激素受體調節劑	雙磷酸鹽類	仿保骨素針	硬化蛋白抑制劑	副甲狀腺素針
抗骨折效果[5]	脊椎部位	✓	✓	✓	✓	✓
	非脊椎部位	-	視乎不同藥物，療效有所不同	✓	✓*	✓
	髖部	-		✓	✓*	-
適用骨折風險類別[5]		高	高/非常高	高/非常高	非常高（建議用於一線治療）	
療程[6]	口服	口服	靜脈滴注	皮下注射	皮下注射	皮下注射
	每日1次	每日/每星期/每月1次	每三個月/每年1次	每六個月1次	每月1次	每月1次
注意事項[5,6]	每天要補充足夠鈣和維他命D					
	如需接受入侵性牙科手術，請事前告知醫生及牙醫					每日注射前需更換針頭
	藥物可能增加血管栓塞風險；如需要長時間靜止活動，如手術後不能活動、臥床、乘坐長途機等，請事前告知醫生	需空腹，以一大杯清水送服；服後保持身體直立最少30分鐘，減低胃酸倒流風險	滴注後可能出現發燒、肌肉疼痛、頭痛、流感症狀等	如注射後出現過敏症狀，請告知醫生	療程為期一年，曾患上心肌梗塞或中風的患者不適合使用	不建議累計使用多於2年
		醫生應於療程的3-5年審視成效，決定繼續治療或建議藥物假期			以抗蝕骨作用藥物作為後續治療	

內容僅供參考用途，不能取代求醫需要，亦不能作為自我診斷或選擇治療的依據。*以抗蝕骨作用藥物作為後續治療能達到此部位的抗骨折效果。

資料來源

1. Cosman F, de Beur SJ, LeBoff MS, et al. Clinician's Guide to Prevention and Treatment of Osteoporosis published correction appears in *Osteoporos Int.* 2015 Jul;26(7):2045-7. Osteoporos Int. 2014;25(10):2359-2381. doi:10.1007/s00198-014-2794-2

2. Wong RMY, Cheung WH, Chow SKH, et al. Recommendations on the post-acute management of the osteoporotic fracture - Patients with "very-high" Re-fracture risk. *J Orthop Translat.* 2022;37:94-99. Published 2022 Oct 10.doi:10.1016/j.jot.2022.09.010

3. Chavassieux P, Chapurlat R, Portero-Muzy N, et al. Bone-Forming and Antiresorptive Effects of Romosozumab in Postmenopausal Women With Osteoporosis: Bone Histomorphometry and Microcomputed Tomography Analysis After 2 and 12 Months of Treatment. *J Bone Miner Res.* 2019;34(9):1597-1608. doi:10.1002/jbmr.3735

4. About osteoporosis: International osteoporosis foundation. Osteoporosis. 2023. Accessed March 23, 2023. https://www.osteoporosis.foundation/patients/about-osteoporosis.

5. Camacho PM, Petak SM, Binkley N, et al. AMERICAN ASSOCIATION OF CLINICAL ENDOCRINOLOGISTS/AMERICAN COLLEGE OF ENDOCRINOLOGY CLINICAL PRACTICE GUIDELINES FOR THE DIAGNOSIS AND TREATMENT OF POSTMENOPAUSAL OSTEOPOROSIS-2020 *UPDATE EXECUTIVE SUMMARY. Endocr Pract.* 2020;26(5):564-570. doi:10.4158/GL-2020-0524

6. OSHK Task Group for Formulation of 2013 OSHK Guideline for Clinical Management of Postmenopausal Osteoporosis in Hong Kong, Ip TP, Cheung SK, et al. The Osteoporosis Society of Hong Kong (OSHK): 2013 OSHK guideline for clinical management of postmenopausal osteoporosis in Hong Kong. *Hong Kong Med J.* 2013;19 Suppl 2:1-40.

哎呀！

X光冇見骨折，
只係少少退化。

吓，唔使照磁力共振咩？

點解醫生淨係幫我照X光？乜唔係照磁力共振更加準確咩？

李揚立之醫生

影像掃描有很多種，各有其長處及短處。並沒有一種掃描是萬能的或是比其他掃描絕對優越的。在不同情況底下，應該照不同的影像掃描。

要知道何時照哪一種，首先要明白每樣掃描的技術與運作，和其優點和缺點。

X光係乜嘢？

X光是現代醫療中不可缺少的設備，亦是眾影像掃描中，歷史較悠久的一個掃描。德國物理學家威廉‧康拉德‧倫琴（1845-1923）於1895年進行陰極射線研究時無意中發現了肉眼看不見的「X射線」，又名X光，因而獲得了1901年首屆諾貝爾物理獎。歷史上第一張X光片，是照了倫琴夫人的手。

X光的產生是由大量帶負電的電子，經由高壓電場加速，再以高速撞擊一個重金屬靶極（即正極Anode，通常是鎢金屬製成）。由於撞擊過程中，高速的電子突然減速，動能量（kinetic energy）會消失而被轉換成別種形式，其中99%會轉換成熱能量，僅約1%的能量轉換成X光（電磁波的一種），這些能量轉換多在X光管球內部發生。

這能量轉換成X光後便可穿透人體直達感光的照相底片。照相底片的深淺色視乎接收到的X光劑量。接受得高X光劑量呈現黑色；接受得低X光劑量則會呈現白色。由於人體組織對輻射吸收能力不同，密度較高的組織吸收較多的X光量，而令較少X光到達照相底片（所以骨骼、金屬等等會在底片上顯示白色）。相反地，密度較低的組織吸收較少的X光量，所以更多的X光能夠到達底片（例如肺部或腸胃道的空氣會在底片上顯示黑色）。

醫生就會憑底片上不同位置不同程度的黑白對比信號作為診斷的依據。由於身體軟組織的密度近似，所以X光對分辨出不同軟組織的作用不大。相反，X光對骨骼和空氣這些較極端的密度較敏感，所以在骨科，用作診斷骨骼的病理較為有效，通常都是用作骨折病例的第一線檢查。X光的優點是快捷、廉價，缺點是有小量輻射，和檢查軟組織的局限性。

電腦掃描係乜嘢？

電腦掃描（Computed Tomography, CT）是一種運用多張X光重整出來的斷層掃描影像。

病人會經病床進入一個「冬甩」形態的電腦掃描機。病床逐漸推進的同時，內裏的X光線會360度圍繞人體轉圈，並從每個角度拍下影像，所得的每個平面影像資訊會由電腦重組，變成一層層的影像，從而組成一片片厚度為0.5cm-1.5cm不等的橫切面。其數據還可以製成3D影像，甚至3D打印成骨骼模型，用作術前分析或規劃。

照得太多X光電腦掃描，
會唔會太多輻射呀？

X光和電腦掃描各有不同程度的輻射。其實，我們每天在日常生活都經常會在不同的情況接觸到輻射。
以下不同的情況都會接觸到不同程度的輻射：

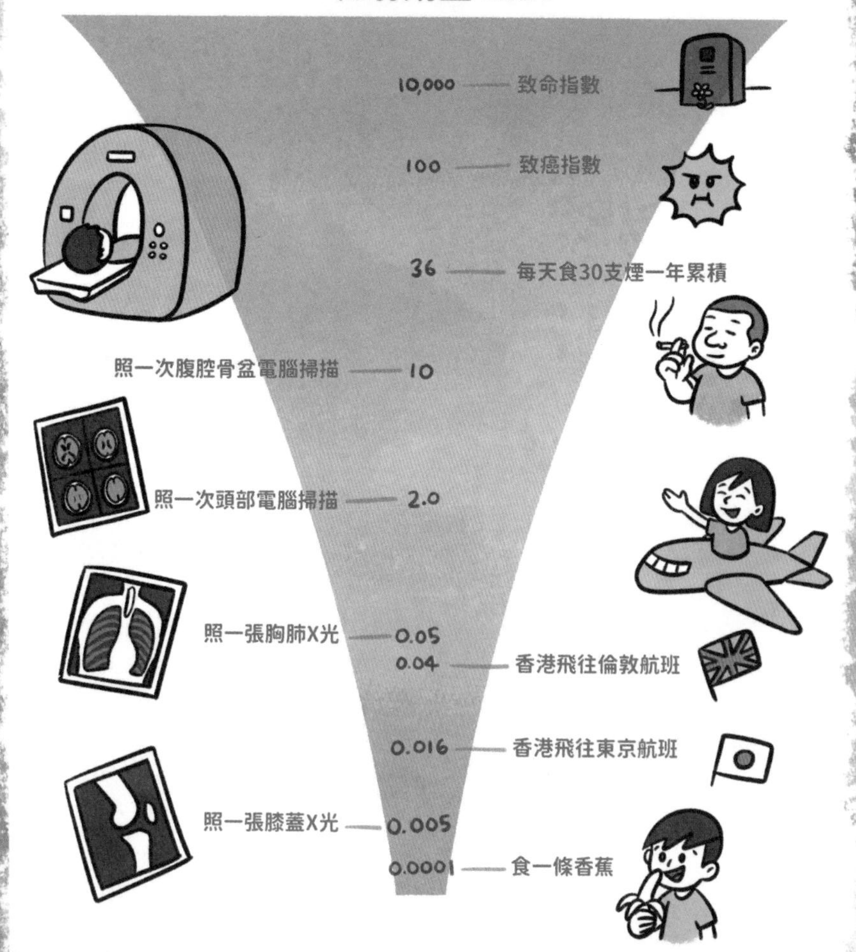

原來，照一張膝蓋X光接觸到嘅輻射比起一程飛去東京嘅航班仲要少！

輻射可以在人體會累積，過量輻射會令細胞受損。對輻射較敏感的器官有骨髓、甲狀腺等等，患癌風險因此較高。不過，我們的身體有自我修復的能力，不同年紀和不同組織對輻射的敏感度也不同，所以一般檢查用的劑量所引致癌症和白血病的機會不大，並不會對人體造成永久的傷害。

磁力共振係乜嘢？

人體細胞有大約60%是水份，10-30%為脂肪。人體的水份和脂肪都含有豐富的氫原子（Hydrogen atom），而磁力共振掃描正正是利用強大的磁場和無線電磁波去激發體內的氫原子，使其產生射頻信號。機器接收到這些電磁信號，經電腦軟體處理後，合併成高解析度影像。

「一肥二水」是一個行內口訣，用作記住T1把脂肪顯示為亮白色；而T2把水份顯示為亮白色。簡單地說，通常T1用作看組織結構，T2用作看病變。

磁力共振利用磁場和射頻脈衝來產生影像，沒有輻射，因此相對安全。影像具有高解析度，用作檢查深層的軟組織，如韌帶或半月板撕裂、軟組織腫瘤尤其有用。

可是，沒有一種影像掃描是完美的。磁力共振不但價錢較高，而且需時較長，掃描的時候會發出嘈吵的聲音，因為要困在一個黑暗又狹窄的機器內，所以磁力共振不宜用於有幽閉恐懼症的人。因為磁力共振會有強烈的磁場，有些體內有植入金屬（例如心臟起搏器、某些骨科植入物等等）的病者都不能照。

超聲波係乜嘢？

蝙蝠雖然視力很差，但是在伸手不見五指的洞穴裏，依然可以驚人的速度穿越岩石地形。為甚麼呢？原因蝙蝠有很敏鋭的耳朵，他們能發出超聲波，然後細心聆聽着其反射去斷定各障礙物的結構和位置。所以，我們可以說蝙蝠能夠透過聲音去看東西。

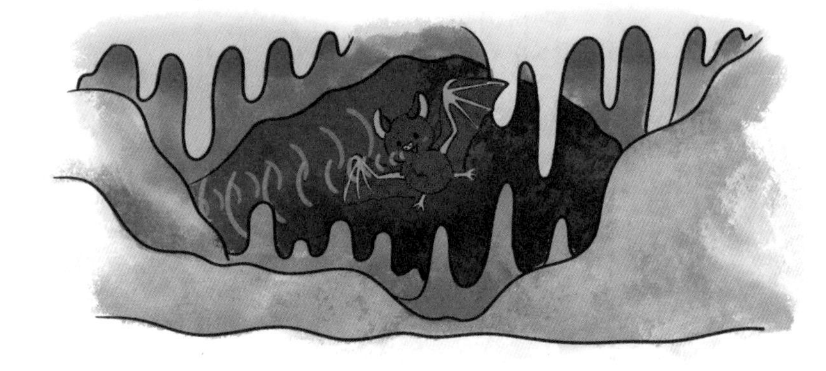

1949年發明的醫學超聲波正正是運用着相同的原理，運用人類聽不到的音波，經過不同密度的組織反射去斷定各組織的結構和位置。因為超聲波能到達的距離有限，而且容易被極端密度組織與骨骼、空氣等等影響行走距離，所以通常用作檢查較表面的軟組織或液體積聚。

而且，因為超聲波能夠顯示出實時的影像，醫護能夠即時檢查出不同姿勢的動態影像，例如某組織在關節屈着或是伸着時的不同形態。

咇咇咇咇咇咇咇咇咇咇……

吓，我有人工金屬關節，
過機會唔會響？

做咗手術有螺絲或金屬關節，旅行過關會唔會嗶嗶聲響？

胡安暉醫生

熱愛旅行的病人，在手術完成後，很多時候都有這個疑問。鋼板、螺絲釘和人工關節（例如膝頭、髖關節）都是骨科醫生在日常手術中，常用的金屬儀器。他們的作用包括：穩定骨折、作關節置換等等。旅行過關時，一個小銀幣、皮帶扣，也可能會令到金屬探測器產生反應，作出警報。但身體內的金屬是否一定能夠被偵測到呢？答案是：未必。

金屬探測器主要分兩種。第一種就是我們一般通過的拱門形。若果有偵測反應，執法人員會利用第二種：手持探測器，作細範圍的局部檢查。金屬探測器能製造磁場和感應磁場的變化。生產的磁場和身體內的金屬能引起渦電流現象，影響原來的磁場。當探測器感應到磁場的變化，就會發出警報，嗶嗶響。

另外，金屬的種類有很多，除了金、銀、銅、鐵之外，也包括了鈦金屬（titanium）、鈷（cobalt）、鉻（chromium）、鉬（molybdenum）、等等。而現代骨科中的植入金屬很多時候也是由鈦合金、不鏽鋼或鈷鉻鉬合金組成。各國的金屬偵測器對不同金屬的敏感程度不一。根據歐洲和亞洲的文獻和調查記載[1-3]，接受了人工關節置換的病人，大約一半都曾經試過觸發金屬探測器，而當中膝關節又比髖關節多。因為相比體積和重量較小的鋼板和螺絲釘，金屬人工關節體積較大，膝關節又比髖關節淺，較少軟組織包圍，金屬探測器的反應，自然有機會增加。

醫生，我嚟緊去旅行呀，你可唔可以幫我開張紙證明我做過手術呀？

有些病人，在關節置換手術後，有要求我們寫手術證明書作過關用途。但為了大家的飛行安全，相關人員可能還是會要求作更詳細的檢查。總括而言，我們都建議病人在旅遊時，預留更多時間過關。若果要接受更多安全檢查，亦有足夠時間，以免構成不便。

資料來源

1. Grohs JG, Gottsauner-Wolf F. Detection of Orthopaedic prostheses at airport security checks. J Bone Joint Surg Br. 1997;79-B(3):385-387. doi:10.1302/0301-620X.79B3.0790385

2. Abbassian A, Datla B, Brooks RA. Detection of orthopaedic implants by airport metal detectors. Ann R Coll Surg Engl. 2007;89(3):285-287. doi:10.1308/003588407X179026

3. Kimura A, Jinno T, Tsukada S, Matsubara M, Koga H. Detection of total hip prostheses at airport security checkpoints. J Orthop Sci. 2020 Mar;25(2):255-260. doi: 10.1016/j.jos.2019.04.004. Epub 2019 May 2. PMID: 31056375.

醫生我個傷口縫咗幾多針？
3 針。

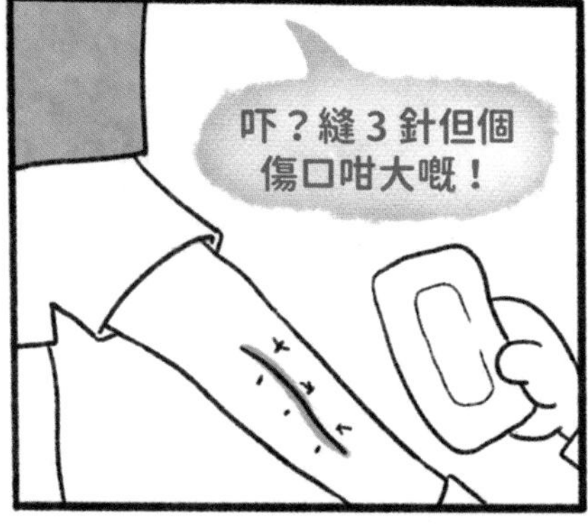
吓？縫 3 針但個
傷口咁大嘅！

越多針唔代表
傷口越大㗎！

醫生我縫咗幾多針？使唔使拆線？

文樂知醫生

這是一個病人常在做完手術後會問醫生的問題。

有時候縫合的針數不一定反映傷口的大小喔。複雜和比較深的傷口可能需要多層的縫合，而不同的縫線和縫合技巧也可能影響縫合的針數。手術用的線縫合線有很多種， 可以以多種方式分類。

醫生在縫合傷口時，會根據需要而選擇不同的縫線。

線的結構

- 單絲縫合線——由單根線組成。由於線的表面光滑，能減少在縫線穿過組織時的拉扯。常用於縫合皮膚。

- 編織縫合線——由幾根編織在一起的線組成。這可以帶來更好的強度，和比較容易打結。常用於縫合皮下組織或身體內部組織。但由於線的表面不光滑，細菌比較容易附在表面，增加了感染的可能性，所以很少用於縫合皮膚。

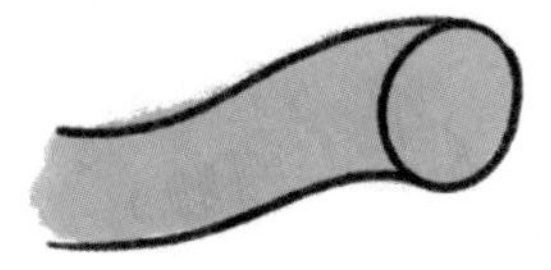
單絲縫合線

編織縫合線

吸收性

- 可吸收縫合線——現代的可吸收縫合線，通常以合成材料製成；它們通過水解和蛋白水解酶降解等過程分解。常用於皮下組織或身體內部組織縫合，也能用於皮膚縫合。使用可吸收縫合線的優點是不用拆線，但要考慮縫合線分解和喪失張力的時間。

- 不可吸收縫合線——當用在縫合身體內部組織時，能夠永久保持縫合線的張力。也能用於皮膚縫合，會需要在傷口癒合後拆線。

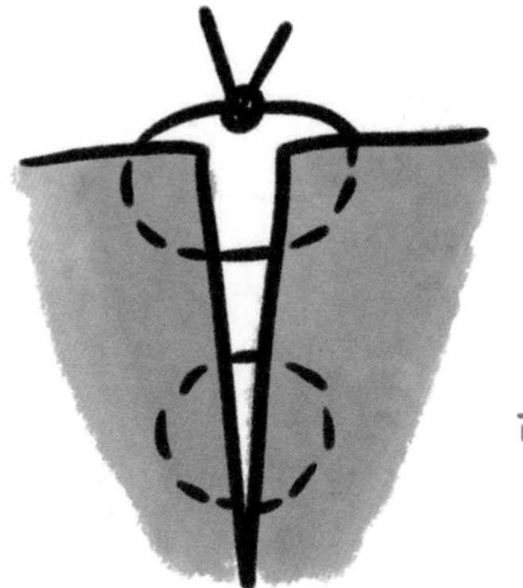

粗細

- 粗的縫合線能維持較大張力，每針可閉合更多組織。細的縫合線，附在較小的針頭上，可減少縫線/針頭穿過組織留下的疤痕，但能維持的張力就比較小。

皮下或身體內部組織的縫線通常都不用拆線。皮膚的縫合要是用了不可吸收縫合線，就需要在合適的時候（大概10-14天後）拆線。

資料來源

- Forsch RT. Essentials of skin laceration repair. Am Fam Physician. 2008 Oct 15;78(8):945-51.

23歲青年海灘染食肉菌……
死亡……

大鑊，我呢個
傷口會唔會都係
食肉菌感染？

好恐怖呀，咩係食肉菌呀？

咩係食肉菌感染？

周敏慧醫生

食肉菌感染亦即壞死性筋膜炎，是一種由細菌感染所引起的皮膚及皮下軟組織嚴重發炎反應，細菌通常經由皮膚上輕微割傷或擦傷的傷口入侵體內並迅速於供血較少的筋膜擴散，並在血管內形成血栓，導致皮膚、皮下組織及筋膜的壞死。病患的初期表徵與蜂窩組織炎相似，起始局部皮膚出現紅腫、發熱等發炎症狀，亦可能伴有發燒、發冷或疼痛，通常此類感染的痛症比一般傷口疼痛更為劇烈，甚至疼痛範圍比皮膚表面所見的變化更深更廣。當皮膚開始出現缺血便會逐漸壞死，有時會形成血泡、化膿或皮下氣腔。壞死性筋膜炎的進展迅速，轉眼間病情可急轉直下甚至有截肢及危及性命之憂。若未能及早診斷就醫，死亡率可高達25-30%。

係咪真係有食肉菌呢隻細菌㗎？

壞死性筋膜炎可由多於一種細菌引致，包括甲類溶血型鏈球菌、創傷弧菌、梭菌屬、大腸桿菌和金黃葡萄球菌等。其中以甲類溶血型鏈球菌最為常見，感染後細菌所產生的毒素及病菌引起的免疫反應均會對人體組織造成破壞，甚至進一步發展為全身性發炎反應，引致多重器官衰竭。

壞死性筋膜炎同一般皮膚炎有咩分別？

常見的皮膚炎主要發生在皮下脂肪層，又稱蜂窩組織炎。相比壞死性筋膜炎，此類皮膚感染較少影響到皮下深層組織，病情進展速度亦不如壞死性筋膜炎般迅速。但嚴重的蜂窩組織炎亦可造成皮膚及軟組織壞死，引起敗血症甚至死亡。

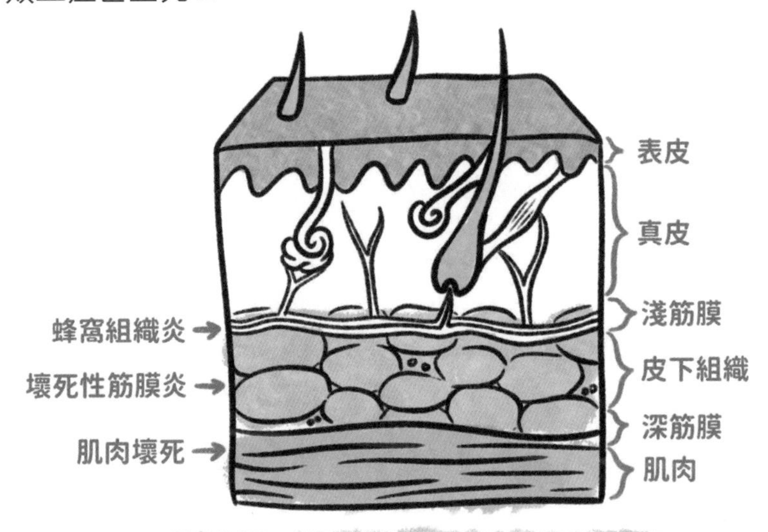

係唔係每個人都有機會中招㗎？

任何年紀的人士都有機會患上壞死性筋膜炎，增加感染風險的因素包括：

- 年長者
- 營養不良

- 糖尿病
- 癌症病人
- 正接受類固醇或免疫抑制劑治療
- 腎臟功能不全
- 後天免疫缺乏症候群
- 靜脈注射吸毒者

如果真係中咗招，
應該點醫好？有冇得救？

壞死性筋膜炎的診斷主要依靠臨床病史及病徵線索，如上文描述，早期症狀與蜂窩組織炎類似，如患者出現上述表徵及風險因素應保持警惕及盡早求醫。血液及影像檢查（如X光）能提供輔助資訊，顯示身體有否出現嚴重發炎反應或受影響部份有否出現皮下積氣的現象。但此類檢查往往需要時間安排，亦不能明確預測病情發展及反映其嚴重程度，所以不應因安排檢查或等待報告而延誤治療。對壞死性筋膜炎最準確的診斷及最有效控制病情的方法是手術清創。壞死性筋膜炎是骨科手術中的急症，大範圍的手術清創是去除病灶的關鍵，需要緊密監察及反覆進行清創手術去控制病情，有時甚至要截肢保命。術中不但能直接診斷筋膜層是否壞死及評估受影響範圍，亦可留下筋膜及軟組織樣本作病理及微生物學診斷，找出致病病菌並對症下藥。除了手術清創外，盡早使用抗生素亦是控制感染擴散的重要因素。

總括而言，壞死性筋膜炎是可致命的急性細菌感染，治療關鍵是及早診斷、手術清創並加上抗生素治療。如有高風險因素人士，應小心護理傷口，保持良好個人衛生及根據醫囑控制慢性疾病病情。如有任何皮膚感染症狀應及早求醫。

資料來源

- Misiakos EP, Bagias G, Patapis P, Sotiropoulos D, Kanavidis P, Machairas A. Current concepts in the management of necrotizing fasciitis. Front Surg. 2014 Sep 29;1:36. doi: 10.3389/fsurg.2014.00036. PMID: 25593960; PMCID: PMC4286984.
- Stevens DL, Bryant AE. Necrotizing Soft-Tissue Infections. N Engl J Med. 2017 Dec 7;377(23):2253-2265. doi: 10.1056/NEJMra1600673. PMID: 29211672.
- Taviloglu K, Yanar H. Necrotizing fasciitis: strategies for diagnosis and management. World J Emerg Surg. 2007 Aug 7;2:19. doi: 10.1186/1749-7922-2-19. PMID: 17683625; PMCID: PMC1988793.

私家醫生開咗紅色，
黃色同綠色止痛藥。
你可以都開俾我嗎？

有冇藥盒俾我參考一下？

嗱，藥盒。

骨科醫生開畀我嘅止痛藥，係咪全部都要食哂㗎？

伍嘉敏醫生

咁多隻止痛藥，到底有咩分別呀？

口服止痛藥可以大致分為兩類：非鴉片類和鴉片類止痛藥。

非鴉片類止痛藥包括市民最常接觸的撲熱息痛（Paracetamol）和非類固醇消炎藥（例如：痛博士 Celebrex、服他靈 Voltaren）。撲熱息痛沒有消炎作用，主要用以舒緩輕微痛楚，例如擦傷、簡單扭傷等。它會阻斷一種稱為前列腺素的化學物質產生，令身體減少對疼痛或傷害的意識，以達致止痛效果。成年人每天最高可服用4克撲熱息痛，而醫生通常建議有需要時每隔4-6小時服用1-2粒（市面常見劑量為每粒500毫克），而小朋友的服用劑量則需按體重而定。撲熱息痛相對其他止痛藥而言副作用較少，適合患有腎病的人士服用，但大量或過量服用有機會導致肝臟受損，影響肝功能。非類固醇消炎藥相比之下，除了本身有消炎作用之外，其止痛功效亦較佳，所以常用於治療因炎症引起的痛楚，例如痛風性關節發炎、五十肩、腕部狹窄性腱鞘炎等。不過非類固醇消炎藥有增加胃或十二指腸潰瘍、腸胃道出血、腎衰竭等的風險，因為並不適合腎病病人服用，而醫生亦建議平時服用時配合胃藥一同服用以減少副作用。市民亦需留意，如果服用非類固醇消炎藥後出現腹痛、嘔血、大便出血或呈黑色等症狀，需立刻停藥及求醫。

鴉片類止痛藥係咪會食到上癮㗎？

鴉片類止痛藥對身體的周邊及中樞神經系統產生作用，可阻斷或減少疼痛的感覺，主要用以治療中度至嚴重的疼痛，例如手術傷口、骨折痛楚等。市民普遍聽到鴉片類止痛藥都會聯想到嗎啡（Morphine），因而有所忌諱。但其實骨科常用的鴉片類止痛藥例如曲馬朵

（Tramadol）屬性較溫和，市民無須過分擔心。當然長時間重複使用鴉片類止痛藥亦有機會導致藥物依賴，市民或會因為停藥而感到不適。另外鴉片類止痛藥常見引致噁心、嘔吐、便秘等副作用，及會令腎功能受損，市民要多加注意。

除了以上兩種口服止痛藥外，抗癲癇藥例如加巴噴丁（Gabapentin）、普瑞巴林（Pregabalin）等有助抑制過度活躍的神經，從而減少疼痛的感覺，因此骨科醫生亦常處方這類藥物以治療神經痛。其常見副作用包括頭暈、嗜睡等，病人服藥後應避免駕駛或操控重型機械，以免發生意外。

各種止痛藥有不同的功效和其副作用，病人在服用前應諮詢醫生的建議，並按指示服用。與抗生素不同的是，口服止痛藥並沒有特定的療程，病人應根據痛楚的嚴重程度去判斷，有需要時才服藥，而當痛楚有所改善或副作用出現時，便應該停藥。舒緩痛症，藥物治療只是其中一環。尤其是慢性痛楚，很多時候不能單靠口服止痛藥去控制症狀，或需要配合其他治療，因此市民應向醫生和治療師了解並共同商議治療方案。

資料來源

- Drug Office. Oral Analgesics. Department of Health, The Government of the Hong Kong Special Administrative Region. https://www.drugoffice.gov.hk/eps/do/en/consumer/news_informations/dm_16.html. Published July 2013. Accessed March 2023.

各種口服止痛藥於不同的藥廠製造或含不同的劑量
可能會有不同的顏色或形狀

哎呀，扭傷喇！

要敷冰呀。
不過冇
冰袋啊。

如果冇冰袋，可以
用冰三色豆代替喔！

究竟受傷後應該冰敷定熱敷？

蔡汝熙醫生

現今都市人熱愛運動，當遇到創傷時，他們通常不知道應該使用冰敷還是熱敷來減輕疼痛和腫脹。這篇文章中將詳細解釋有關冰敷和熱敷的使用方法和效果，以及一個常用的急救方法——RICE治療法。

冰敷和熱敷是常見的緩解疼痛和腫脹的治療方法，但不同的創傷需要不同的治療方法。冰敷的原理是利用低溫降低受傷部位的血管擴張和血液流量，從而減輕腫脹和疼痛，也可以減少瘀血形成。冰敷通常適用於急性創傷，如扭傷、拉傷、骨折等。例如，當你扭傷腳踝時，應立即使用冰敷來減輕疼痛和腫脹，每次持續15-20分鐘，每隔2-3小時重複使用。但需要注意的是，不要讓冰袋直接接觸皮膚，以免造成凍傷或其他皮膚問題。

熱敷的原理是利用高溫促進血液循環，從而減少肌肉繃緊和疼痛，還可以增加關節的靈活性，使肌肉更容易伸展和放鬆。熱敷通常適用於慢性傷害，如肌肉拉傷、關節炎等。例如，當你感到肩膀或頸部肌肉繃緊和疼痛時，可以使用熱敷來舒緩疼痛和放鬆肌肉，每次持續15-20分鐘，每隔2-3小時重複使用。但需要注意的是，不要讓熱敷物品太燙，以免燙傷皮膚。

除了冰敷和熱敷，某些傷害可能需要使用更多的治療方法。例如，如果感到疼痛和腫脹，但沒有明顯的創傷，可以使用RICE治療法，它代表休息（Rest）、冰敷（Ice）、壓迫（Compression）和提高（Elevation）。

RICE治療法的目的是減輕疼痛和腫脹，促進創傷後的恢復。首先讓受傷部位休息，避免進一步損傷，然後使用冰敷來減輕疼痛和腫脹，每次持續15-20分鐘，每隔2-3小時重複使用。接下來，使用壓迫帶或繃帶來減輕腫脹，最後抬高受傷部位以改善血液循環。

當你使用RICE治療法時，請注意壓迫帶或繃帶的緊度，避免過度壓迫或阻礙血液循環。如果使用壓迫帶或繃帶時，應該遵循醫生或治療師的建議，並定期檢查受傷部位的情況。在抬高受傷部位時，應該使其高於心臟水平，以促進血液流動。

可是，RICE治療法不適用於所有創傷，特別是在嚴重受傷或需要手術的情況。在這些情況下，你應該立即求醫，並遵循醫生的建議。

除了冰敷、熱敷和RICE治療法外，還有其他一些方法可以幫助減輕疼痛和腫脹。例如，輕輕按摩受傷部位可以促進血液循環和肌肉放鬆。你還可以使用止痛藥來減輕疼痛，但需要遵循建議劑量和使用時間。

總結來説，冰敷和熱敷是常見的緩解疼痛和腫脹的治療方法，但需要根據不同的創傷選擇適當的方法。當你受傷時，可以使用RICE治療法來幫助減輕疼痛和腫脹，但在嚴重傷害或需要手術的情況下，應立即求醫。最重要的是，當你受傷時，請聆聽你的身體，遵循建議，並給予自己足夠的時間和休息來恢復。

資料來源

- Bleakley CM, Glasgow P, MacAuley DC. PRICE needs updating, should we call the POLICE? Br J Sports Med. 2012;46(4):220-221. doi: 10.1136/bjsports-2011-090297
- Gülkaya Y, Can F, Yılmaz Ş, Yılmaz N, Kocaoğlu S. Comparison of the effects of hot and cold therapy on pain, swelling, and range of motion in patients with knee osteoarthritis. Turk J Med Sci. 2019;49(3):900-906. doi: 10.3906/sag-1706-86

R

Rest 休息

I

Ice 冰敷

C

Compression 壓迫

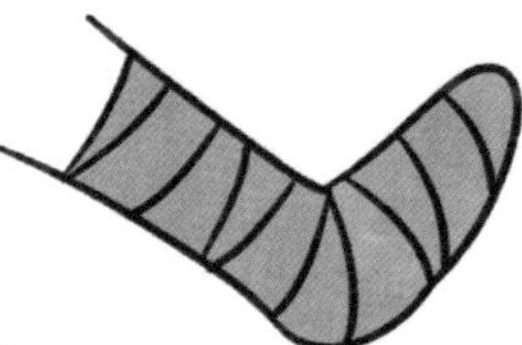

E

Elevation 提高

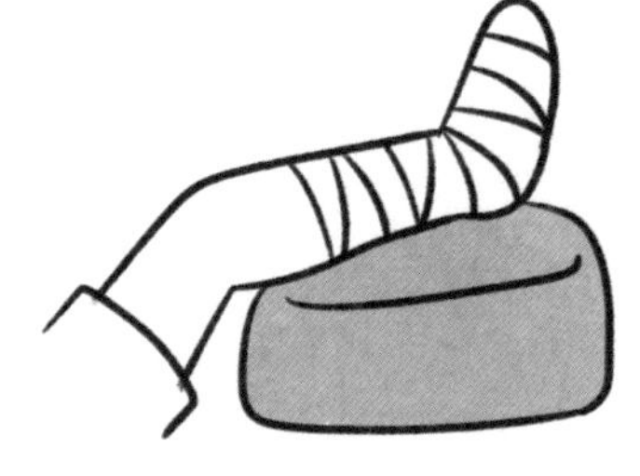

40年後……
係咪老咗呢？
我啲肌肉冇晒。

點解佢同我同齡，
不過肌肉冇少到？

年紀大、瘦咗、輕咗，係咪即係少肌症？

羅尚尉醫生

少肌症是老友記常見毛病，也是老齡化社會必須正視的問題。病人會面對肌肉數量減少和力量減弱，韌度亦會愈來愈差。調查發現，本港老齡人口中約11%男士及7%女士患有少肌症[1]，老友記70歲後肌肉量每十年更以約10-15%速度流失[2]。箇中原因不勝枚舉，隨年齡增加新陳代謝減低，荷爾蒙分泌減少會令蛋白質合成分解失衡，同時肌蛋白的降解讓肌肉流失。另一方面，都市人缺乏運動和飲食不均，或出於其他慢性疾病或藥物因素而影響蛋白質和熱量攝取，都有機會增加患上少肌症的機會。少肌症絕非只是「瘦咗」、「輕咗」般簡單，更隨時引發嚴重後果。

跌倒是少肌症病人常見的家居意外，他們因為肌肉流失和萎縮導致力量減弱，平衡能力愈來愈差。加上老友記反應能力可能比較慢，不慎跌倒時未必來得及用手腕支撐，或導致腰椎或髖部直接落地，加上骨質疏鬆的影響，於站立水平跌倒都足以造成嚴重骨折，後果可大可小。萬一因為骨折需要長期臥床，會引致肌肉流失，加上康復後平衡能力有機會進一步惡化，不僅將來再跌倒的機會增加，跌倒的後果也可能愈來愈嚴重。

縱使患上少肌症，病人仍可透過規律運動和健康飲食來強化肌肉。持之以恆的運動有助增加肌肉，建議每個星期3次、每次半小時以上。年輕時可以用簡單的彈力帶和啞鈴達致阻力訓練的目標，如果身體情況不適合進行高強度運動，多到公園散步或耍太極也是不錯的選擇。飲食方面，均衡飲食雖然是老生常談，卻是預防少肌症的好幫手。我們常聽説健身人士愛在運動30分鐘後吃雞胸肉，其實適量的優質蛋白質食物對合成肌肉有莫大裨益，例如魚類、肉類和蛋類等。當然老友記不用完全仿效健身人士嚴格執行類似的蛋白質飲食清單，但一般情況下在飲食中多攝取蛋白質也不無好處，建議每天攝取1,400千卡能量，並少吃多餐，每天攝取1至1.2公克/每公斤體重的膳食蛋白。如對蛋白質攝取有任何疑問，建議諮詢您的醫生或營養師，按個別情況再作調整。

但係我條氣本身好差，行多步都氣喘，咁點算呀？

有些病人本身患有其他慢性病，甚至因行動不便未必適合或不願做運動。近年香港中文大學亦有研究震動治療的成效，其原理是透過溫和的震幅減輕少肌症的症狀和減低肌肉內的脂肪量[3]。一項前瞻性集體隨機對照試驗顯示，震動治療有效降低老友記摔跌機會超過40%[4]，同時加強肌肉力量和反應速度，在世界各地開始廣為使用，務求盡力為病人做到「肌」不可失。

少肌症大件事，「肌」不可失別輕視！

資料來源

1. What is Sarcopenia? What is Sarcopenia? - Community Fall Prevention Campaign. Accessed March 24, 2023. http://www.no-fall.hk/e/sarcopenia.html.
2. Malafarina V, Uriz-Otano F, Iniesta R, Gil-Guerrero L. Sarcopenia in the elderly: diagnosis, physiopathology and treatment. *Maturitas*. 2012;71(2):109-114. doi:10.1016/j.maturitas.2011.11.012
3. Wang DXM, Yao J, Zirek Y, Reijnierse EM, Maier AB. Muscle mass, strength, and physical performance predicting activities of daily living: a meta-analysis. *J Cachexia Sarcopenia Muscle*. 2020;11(1):3-25. doi:10.1002/jcsm.12502

4. Leung KS, Li CY, Tse YK, et al. Effects of 18-month low-magnitude high-frequency vibration on fall rate and fracture risks in 710 community elderly--a cluster-randomized controlled trial. *Osteoporos Int*. 2014;25(6):1785-1795. doi:10.1007/s00198-014-2693-6

創傷

X光見到呢幾個位有骨折。

醫生，咁係裂骨，
定斷骨，定碎骨？

都係骨折喔。

到底我係骨裂、斷骨定骨折？

彭傲雪醫生、黃文揚教授

骨折常見的原因？

- 直接撞擊——受力之處骨折（車禍/打鬥/跌倒）
- 間接撞擊——因槓桿原理引致的骨折（足踝扭傷骨折）
- 猛烈肌肉收縮——猛烈肌肉收縮導致的扯裂性骨折
- 疲勞性骨折——長期反覆累積壓力而造成的骨折
- 病理性骨折——因其他原因導致骨頭結構變弱，如骨質疏鬆/癌細胞轉移骨折可以用以下方法分類：

嚴重性

- 骨折——斷骨，即是骨頭的連續性被破壞、不完整
- 粉碎性骨折——斷骨處有三塊或以上的碎骨
- 骨折脱臼——骨折引致附近關節脱臼

形態

- 橫向（transverse）
- 斜向（oblique）
- 螺旋（spiral）
- 縱向（linear）
- 節斷性（segmental）
- 粉碎型（comminuted）
- 青枝（greenstick）—兒童的骨頭柔軟和有彈性，曲折但未完全斷開的時候便稱青枝骨折

傷口狀況

- 閉鎖性骨折——骨折不與體外環境有接觸，細菌感染機率低

- 開放性骨折——骨折與體外環境有接觸，感染機率和傷口面積相對較大，須用抗生素和進行手術清創

一般來說，高能量而引致的骨折會比較嚴重，因為影響附近的筋腱/血管/神經系統/軟組織的機會會較高。低能量而引致的骨折通常發生在骨頭結構變弱的病理性骨折上。根據以上提及骨折的特質，我們可以從而設計合適的治療方向，比如非手術治療（石膏/矯形支具等）和手術治療。

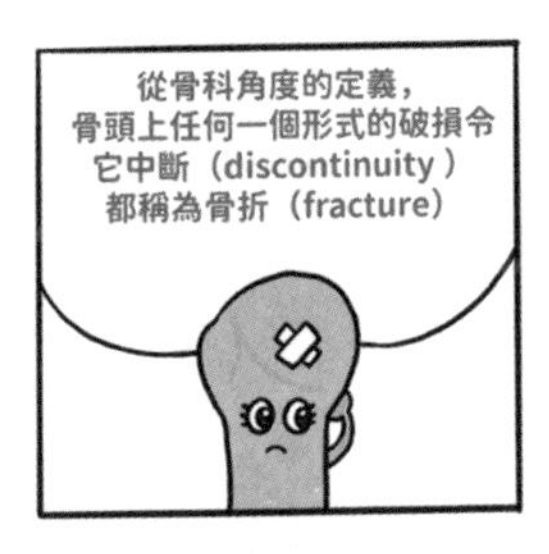

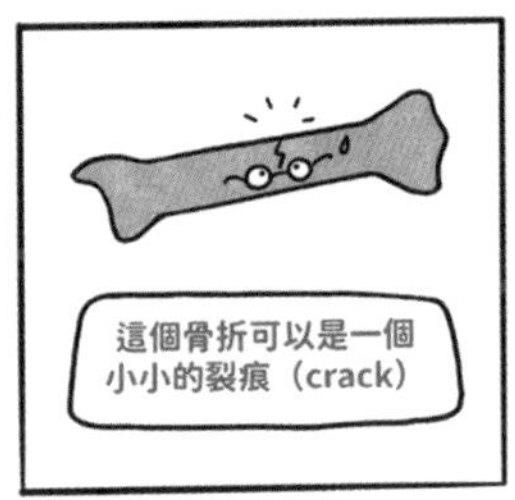

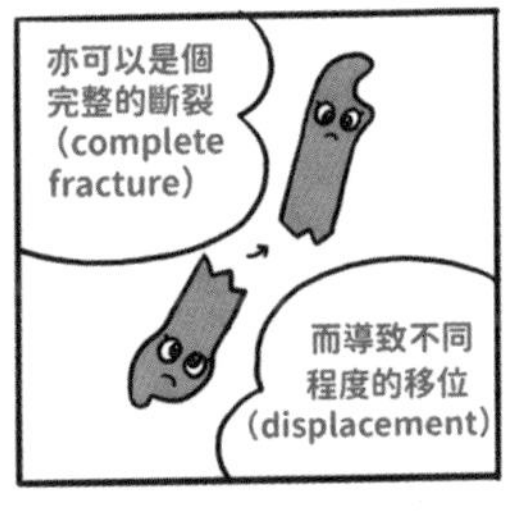

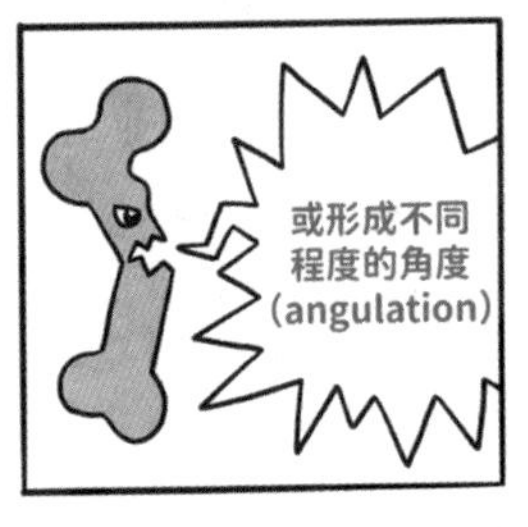

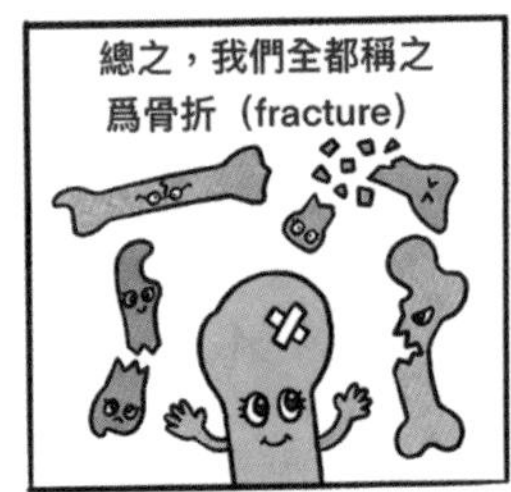

咁骨折同骨裂到底有咩分別？
我朋友明明上次睇醫生話係骨裂，
到最後都戴咗石膏好多個禮拜喎！

在X光片上，若出現沒有移位、線性形態的裂痕，有時候病人會被告知那是骨裂的情況。可是，骨裂的治療不一定代表比骨折輕鬆簡單。因為裂骨的位置、血液供應的情況、骨痊癒的能力和移位的可能性等等都各有不同。例如同是在第五蹠骨上的裂骨，若發生部位在骨骺和骨幹之間（瓊斯骨折 Jones fracture），由於該位置血氣供應比較緊張，所以相對應的痊癒時間亦比較長，甚至不癒合的機率都比較高。

瓊斯骨折

資料來源

- Egol KA, Koval KJ, Zuckerman JD. *Handbook of Fractures.* Wolters Kluwer; 2020.
- Buckley RE, Moran CG, Apivatthakakul T. *Ao Principles of Fracture Management.* AO Foundation; 2017.

咦，天氣潮濕，
螺絲開始生銹……

咁樣，我手腕嗰啲螺絲鋼板
係咪都會生銹？

骨折手術放咗鋼板螺絲，之後要唔要拆出嚟？放得耐會唔會生銹呢？

譚偉賢醫生、曹知衍醫生

醫生平時用咩嘢嚟固定骨折？啲金屬嘢會唔會生銹？

骨折有不同的治療方式，主要分為保守性治療和手術治療兩大類。如以手術的方式進行治療，醫生會根據情況使用各種不同的金屬器具來固定骨折，以達到復位的效果。除了以上所說的鋼板和螺絲之外，髓內釘、鋼針、鋼線等都是骨科醫生們常用於手術中固定骨折的器具。

很多以上的器具都有「鋼」字，那麼是否全都是鋼造的呢？其實並不是。整體來說，這些金屬器具的材料主要可以分為不銹鋼、鈦合金，或者其他合金。由於不同的金屬的硬度及柔韌性有所不同，所以醫生會根據個別骨折的特性去選取適合的金屬物料和器具。雖然以上提及到各種各樣的植入物可供選擇，但它們也有一個共通點：就是全部都不會生銹。在手術中使用的金屬都有着抵抗銹蝕的能力，因此不用擔心長期放在體內會生銹或釋出有害物質等問題。

係咪一定要拆返出嚟？唔拆會點？

既然不會生銹，是否一定要把植入體內的金屬拆走呢？答案是不一定的。整體來説，已經放入身體作骨折固定的器具，如沒有併發症發生，一般可以不用取出，直至終老。但若果在某些情況下，如金屬在很近表皮底下的位置而有機會刺穿皮膚或導致潰瘍，或因長期受力而出現金屬疲勞並折斷，細菌感染並依附在金屬上，植入物在表皮下能被明顯見到而影響外觀等，都可以和醫生商討把植入物取出，並繼續適切的治療。而一些較為特殊的植入物，如用於肩鎖關節脱位的鎖骨鈎鋼板（hook plate），在足踝骨折使用的脛腓聯合韌帶間螺絲（syndesmosis screw）則需要在原手術的一定時間後再施手術移除，以避免併發症的出現。

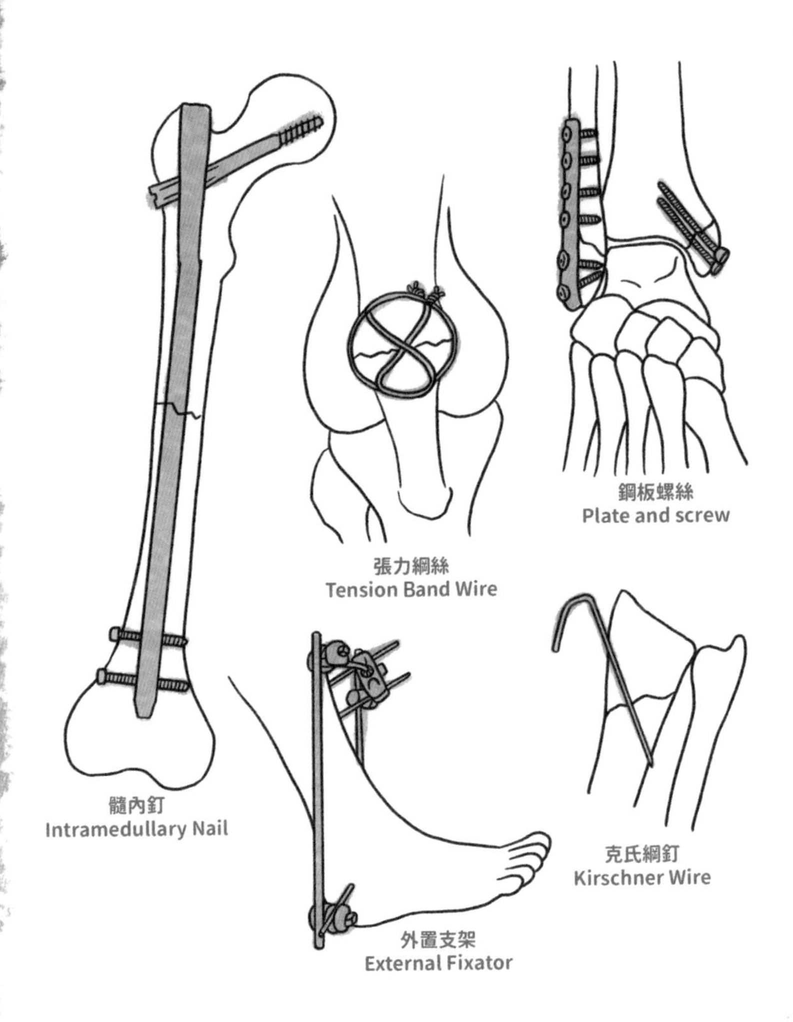
鋼板螺絲
Plate and screw
張力鋼絲
Tension Band Wire
髓內釘
Intramedullary Nail
克氏鋼釘
Kirschner Wire
外置支架
External Fixator

如果要拆嘅話幾時拆好？風險大唔大？

在移除植入物的時機上，首要條件當然是要待骨折癒合並完成骨重塑後進行，一般大約為原手術後1-2年的時間最為合適。移除的難度會隨植入物留在身體的時間增長而增加。手術風險則包括手術位置附近的神經血管受傷（由於在原手術痊癒後附近軟組織會出現黏連的情況，因此二次手術時神經血管受傷的機會會增加），拆除時植入物折斷而導致無法完全取出等。所以整體來説，植入物移除並不是毫無風險，也不是「包保成功」的手術，大家需要詳細和醫生了解後作決定才能得到最好的效果。

資料來源

- Chen CH, Dong QR, Zhou RK, Zhen HQ, Jiao YJ. Effects of hook plate on shoulder function after treatment of acromioclavicular joint dislocation. Int J Clin Exp Med. 2014;7(9):2564-2570. Published 2014 Sep 15.
- Walley KC, Hofmann KJ, Velasco BT, Kwon JY. Removal of Hardware After Syndesmotic Screw Fixation: A Systematic Literature Review. Foot Ankle Spec. 2017;10(3):252-257. doi:10.1177/1938640016685153

今次受傷不用做手術，
只需打石膏六個星期。

吓！六個星期？

早兩個星期拆可以嗎？
我下個月要去旅行呀，

手腕骨折一定要打6個星期石膏？

羅尚尉醫生

提起手腕骨折，很多人第一時間聯想到「打石膏」。一般來説，等待傷口初步癒合的康復過程需時約6個星期。由於對患者生活帶來種種不便，這六個星期無疑是漫長的煎熬。

點解要咁長時間？可唔可以短啲？

解答這些問題之前，首先要理解何謂打石膏。其實骨折後患處還是會自動修補癒合的，打石膏是一種協助固定骨折受傷部位的方法，讓骨折在過程中順利癒合，保持原狀，避免肢體畸形，同時減低病人活動時的痛楚。

故此，我們建議要待骨折患處初步癒合後才「拆石膏」，當然根據病人身體狀況，康復進度或略有不同，但6個星期可説是保守估計。臨床上也遇過一些要打3個月甚至更長時間石膏的病人。普遍而言，打石膏離不開四個階段[1]，分別是首兩三天的發炎期、兩三週的軟骨形成期、兩三個月的硬骨形成期及兩三年的重塑期。由此可見，患處要真正完全康復的時間遠遠不止6個星期。欲速則不達，病人應聽從醫生指示，好好護理骨折患處，才是康復的正確之道。

因為手腕骨折而需打石膏的情況並不罕見。根據醫院管理局2014年統計，脆性骨折個案約14,000宗[2]。手腕是其中一個常見脆性骨折部位[3]，我們跌倒時，本能反應會以手腕支撐身體。老友記如果患上骨質疏鬆，在家中不小心跌一跌，用手支撐時往往就骨折了。這種站立水平跌倒導致骨折的情況，其實是骨質疏鬆所引起的。病人即使度過打石膏這6個星期，及患處已完全康復，往後更要留意處理骨質疏鬆問題，提升骨質密度。骨質疏鬆本身沒有病徵，出現手腕骨折意味是骨質疏鬆的警號。

如果僅靠打石膏處理好骨折患處，而沒正視骨質疏鬆本身的問題和加以治療，未來隨時發生連環骨折，並發生於手腕以外的部位。有研究顯示，手腕骨折病人未來遭遇髖部骨折的機會增加43%[4]，對活動及自理能力的影響隨時更深遠。隨年齡增長，不同部位都有機會發生骨折，情況亦有機會愈趨嚴重。例如不少60歲病人手腕骨折，70歲時會出現腰椎骨折，到80歲甚至會發生髖骨骨折[5]。在首次發生骨折後，出現第二次嚴重骨折風險將增加接近3倍[6]，差不多每3個病人就有1個在兩年內再次骨折，絕對不容小覷。因此拆完石膏不代表問題已解決，接下來還要從源頭處理骨質疏鬆，才能秉要執本地遠離再次骨折。

資料來源

1. White AA 3rd, Panjabi MM, Southwick WO. The four biomechanical stages of fracture repair. *J Bone Joint Surg Am.* 1977;59(2):188-192.
2. Leung KS, Yuen WF, Ngai WK, et al. How well are we managing fragility hip fractures? A narrative report on the review with the attempt to setup a Fragility Fracture Registry in Hong Kong. *Hong Kong Med J.* 2017;23(3):264-271. doi:10.12809/hkmj166124
3. Cosman F, de Beur SJ, LeBoff MS, et al. Clinician's Guide to Prevention and Treatment of Osteoporosis published correction appears in Osteoporos Int. 2015 Jul;26(7):2045-7. *Osteoporos Int.* 2014;25(10):2359-2381. doi:10.1007/s00198-014-2794-2
4. Johnson NA, Stirling ER, Divall P, Thompson JR, Ullah AS, Dias JJ. Risk of hip fracture following a wrist fracture-A meta-analysis. *Injury.* 2017;48(2):399-405. doi:10.1016/j.injury.2016.11.002
5. Pietri M, Lucarini S. The orthopaedic treatment of fragility fractures. *Clin Cases Miner Bone Metab.* 2007;4(2):108-116.
6. Johansson H, Siggeirsdóttir K, Harvey NC, et al. Imminent risk of fracture after fracture. *Osteoporos Int.* 2017;28(3):775-780. doi:10.1007/s00198-016-3868-0

我婆婆又有糖尿病高血壓，
又有腎病又中過風，
可唔可以唔做手術啊？

我上次骨折，
打石膏好返啦。

老友記髖部骨折，可以唔做手術嗎？

羅尚尉醫生

根據香港中文大學數據，每年有1/3的65歲或以上的老友記跌倒，而高達95%的髖部骨折都因跌倒引起[1]，需要接受手術治理。不過任何手術都難以保證百分百零風險，讓很多老友記一聞「手術」二字即面露難色，我們常聽到病人和家屬反映希望以保守方法來處理骨折。惟髖部骨折病人不但要承受骨折帶來的劇痛，而且難以動彈，連翻身都有困難。手術的介入是處理骨折的及時雨，以減低病人的臥床時間。

髖部是其中一個常見的脆性骨折部位[2]，所衍生的問題可謂影響深遠。這類骨折主要分為兩種，分別是關節外與關節內骨折。關節外的骨折多數發生於股骨頸對下位置，一般來説不會對給骨骼的供血構成影響，可以考慮使用固定手術，以髓內釘或鋼片螺絲復位固定；關節內的骨折更要小心處理，皆因涉及股骨頸移位，一旦處理不當或未有迅速處理，有機會影響髖關節內的供血，令股骨頭缺血枯死。這些情況可以考慮關節置換，即俗稱換臼手術。我們臨床遇到的病人一般人工關節平均壽命為約15年，之後要再次接受換臼手術，因此除了骨折部位和嚴重程度，還會根據病人年齡和身體狀況來決定使用哪類手術。關節置換手術後，病人又要留意日常動作，盡量避免蹲下、交叉腳和坐矮椅，以免發生脫臼。

雖然我們建議髖部骨折病人最好36個小時內完成手術[3]，但未必每個個案都適合馬上做手術。有些病人中過風、患有心血管或其他慢性疾病，可能要先由麻醉科醫生進行評估，決定病人是否適合接受麻醉。根據臨床經驗，髖部骨折手術在技術上不算十分複雜，多數1-2小時內就完成，醫生也會向病人及家屬解釋情況，盡量釋除他們對這類手術的疑慮。加上術前骨科醫生會與老人科和麻醉科醫生一起跟進和評估，務求將手術風險減至最低。術後病人會感覺到骨折的痛楚大幅舒緩，康復速度也得到較大改善。但具體活動能力可恢復至骨折前多少水平，還要視乎病人本身的身體狀況。如果術後無大礙，通常3個星期左右就可以出院了。

靠臥床讓患處康復，則有機會引發連串臥床併發症，包括長時間平躺令肺部積聚分泌物而導致感染發炎、臥床時間增加而小便次數減少令尿液在膀胱積聚可能衍生尿道炎問題、臥床令背部受壓出現壓瘡、小腿靜脈血栓等等[4]。大家可別看輕這些併發症，任何一種嚴重起來都足以致命。加上單以臥床作保守治療，臨床上亦遇過病人骨折患處癒合不良，康復後會出現長短腳問題，且病人要承受無比痛楚，這絕非我們希望見到的結果。故情況許可的話，醫生一般都建議為髖部骨折病人安排手術治療。

資料來源

1. Wong RMY, Cheung WH, Chow SKH, et al. Recommendations on the post-acute management of the osteoporotic fracture - Patients with "very-high" Re-fracture risk. J Orthop Translat. 2022;37:94-99. Published 2022 Oct 10. doi:10.1016/j.jot.2022.09.010
2. Cosman F, Kendler DL, Langdahl BL, et al. Romosozumab and antiresorptive treatment: the importance of treatment sequence. Osteoporos Int. 2022;33(6):1243-1256. doi:10.1007/s00198-021-06174-0
3. Aqil A, Hossain F, Sheikh H, Aderinto J, Whitwell G, Kapoor H. Achieving hip fracture surgery within 36 hours: an investigation of risk factors to surgical delay and recommendations for practice. J Orthop Traumatol. 2016;17(3):207-213.

doi:10.1007/s10195-015-0387-2

4. Carpintero P, Caeiro JR, Carpintero R, Morales A, Silva S, Mesa M. Complications of hip fractures: A review. World J Orthop. 2014;5(4):402-411. Published 2014 Sep 18. doi:10.5312/wjo.v5.i4.402

脊椎

我背脊呢度突咗出嚟，
係咪所謂嘅椎間盤突出？

醫生，不如你幫我
推返佢入去？

嗯，其實你係唔會摸到椎間盤的。

椎間盤突出可唔可以推翻入去？

尹聰瑋醫生

要解答這條問題，首先要了解甚麼是椎間盤突出。

椎間盤突出是一種常見的脊椎疾病，指的是椎間盤的外部纖維環撕裂（anulus fibrosis tear）導致椎間盤內部髓核（nucleus pulposus）物質突出到周圍組織或椎管中，對神經線產生壓力和炎症反應，導致坐骨神經痛（Sciatica）及腰骨痛。90%以上病人都牽涉L5/S1或L4/5椎間盤。主要症狀包括突然急劇惡化的背部疼痛、肌肉緊張。當椎間盤壓迫神經時，可能會出現下肢（特別是小腿以下）放射性疼痛、腿部無力、麻痹灼熱的感覺。

椎間盤突出的長期原因，是因為慢性壓力和磨損，年齡增長、重複性創傷、肥胖、吸煙、缺乏運動等因素也會增加椎間盤突出的風險。不良的搬重物姿勢（如彎腰搬重物）會大大增加風險。

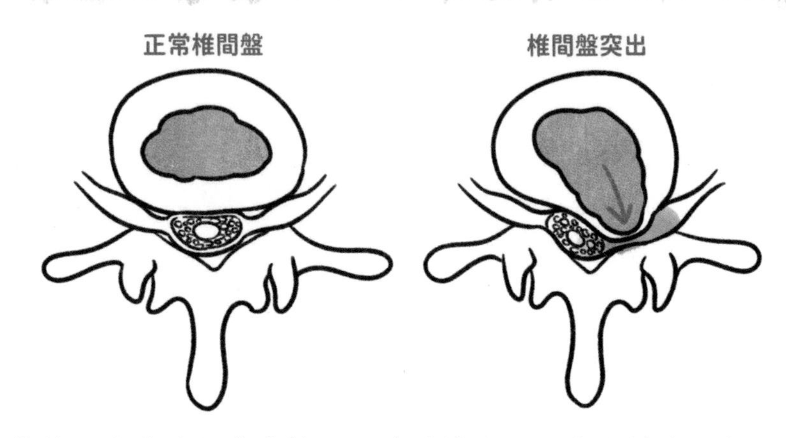

你的醫生會進行病史詢問、身體檢查、影像學檢查（包括X光，MRI掃描等）。一般而言，你應該先嘗試非手術治療。大多數人在非手術治療後都會改善。非手術治療包括物理治療（如運動療法和牽引療法）、按摩等。藥物治療包括非類固醇抗炎藥物、神經痛止痛藥等，可以減輕疼痛和炎症反應。假如非手術治療成功，你應該注意減少上述風險因子（例如減肥、採用正確的搬重物姿勢等），以減低復發的風險。

假如非手術治療失敗，你可以考慮手術（椎間盤切除術diskectomy）。你的骨科醫生會檢視你的情況，和你討論最適合方案，選擇透過開放性、微創性、內窺鏡等方法去移除突出的椎間盤。情況嚴重的病人，往往需要開放性手術，甚至需要融合術（例如TLIF經椎間孔腰椎椎體間融合術）。

假如你懷疑有急性馬尾神經症候群（acute cauda equina syndrome），例如無法控制排便排尿、會陰部麻痹等症狀，應該立即求醫。

椎間盤突出之病理，是椎間盤外部撕裂導致內部的物質被

可以模仿貓伸懶腰的姿勢做伸展運動

擠出，而刺激、壓迫到附近神經線，不應直觀地以為是一個突出的「盤」壓着後面的神經線。此外，椎間盤在身體很深的地方，面層更有椎板、馬尾神經等，是無法透過按摩等外力「推翻入去」。不過按摩、甚至單純躺平休息等各種非手術治療本身就很大機會成功改善症狀。

醫生，我椎間盤突出，真係真係真係好痛！點解醫生唔即刻做手術？

急性椎間盤突出的確是非常困擾的痛，有時伴隨坐骨神經痛（下肢特別是膝蓋以下）的放射性神經痛。很多病人初期真是只能臥床休息，無法自理。他們很自然會想到手術，亦希望手術越快越好。椎間盤切除術本身牽涉切除部份椎板、撥開腰椎硬膜、尋找壓着神經線的椎間盤突出碎片並移除之，可以根據病情選擇透過開放性、微創性、內窺鏡方法達成。雖然不簡單，但相對其他脊骨手術也並不複雜。

根據文獻的共識，6星期至3個月的保守治療（即休息、止痛藥、物理治療等非手術治療）在超過一半以上的病人身上都有很好的效果。他們並不需要手術治療。文獻顯示，手術病人在短期內一般比非手術病人「高分」，即痛楚、功能等表現較佳，但是長期結果沒有分別。當然，決定接受保守治療的部份病人仍然可能會「轉軚」接受手術，例如因為復發、無法忍受痛楚、影響生活、無法上班等等。

一般來説，椎間盤切除術能夠成功減輕高達80-90%病人的坐骨神經痛症狀（即放射到下肢的痛）。但是70%病人的腰痛往往無法治癒。甚至有5-10%病人的腰痛術後更加惡化。此外，椎間盤切除術亦有約1-2%的導致神經線受傷的機會。不幸發生的話，他們的坐骨神經痛可能無法改善、甚至比手術前更嚴重。必須提到，即使MRI顯示椎間盤突出很大、壓着神經線，但假如沒有神經線症狀，一般來說是不用做手術的。

除此之外，椎間盤突出常在40至50歲人士出現。對於年紀較老的病人，他們飽經風雨的腰骨往往伴隨有其他因素導致腰痛、坐骨神經痛、腰椎狹窄（lumbar spinal stenosis），例如小關節骨退化/增生（facet joint arthrosis / hypertrophy），前滑脫（anterolisthesis），並非單單椎間盤切除術可以完全改善，可能需要更複雜的手術處理，例如TLIF（經椎間孔腰椎椎體間融合術）。然而，融合術一般不主張在較年輕的病人身上實施。

簡單來說，是否要開刀，甚麼時候做甚麼手術大有學問，你的脊骨骨科醫生會詳細研究你的病情、症狀、影像（如MRI影片），和你討論最佳手術方案和時機。選擇手術對象非常重要。即使一樣的MRI、同一個手術在不同的病史、症狀、不同年齡、功能需求的病人都會有不同效果，而每個病人的風險也不一樣。必須為每個病人嚴選個人化的最佳治療方案。

一般來說，在退化性病人身上脊骨手術是環繞神經受壓、不穩定性、變形等因素來規畫。手術將可以帶來疼痛楚、麻痹、乏力等症狀的顯著改善，生活質量、活動能力及自理能力將能大大提高。然而，脊骨手術也有其風險。脊骨手術規模較大，具有入侵性，對病人身體機能挑戰比較大。比如長時間俯臥位手術對心、肺機能的影響、出血對身體的挑戰。雖然富有經驗的脊骨骨科醫生及麻醉科醫生團隊在術前、術中及術後都會全力為病人作出一系列措施減低風險因素，可是風險是不能忽略的。而在病情非常嚴重、椎管非常狹窄的病人身上，手術難度會提高，而神經組織的自癒能力亦會下降，增加術後殘餘症狀的風險。

資料來源

- Fairbank J. Prolapsed intervertebral disc. BMJ. 2008 Jun 14;336(7657):1317-8. doi: 10.1136/bmj.39583.438773.80. Epub 2008 May 27. Erratum in: BMJ. 2008 Jul 2;337:a649.
- Kerr D, Zhao W, Lurie JD. What Are Long-term Predictors of Outcomes for Lumbar Disc Herniation? A Randomized and Observational Study. Clin Orthop Relat Res. 2015 Jun;473(6):1920-30.
- Weber H. Lumbar disc herniation. A controlled, prospective study with ten years of observation. Spine (Phila Pa 1976). 1983 Mar;8(2):131-40.

我上個月做咗脊椎手術，
微創嘅，效果好好呀！

你嘅脊椎退化移位，
多個椎間盆突出，
需要開大刀做手術啦。

醫生，可以做微創嗎？
我朋友都係脊椎做咗微創！

脊骨手術可唔可以做微創？

黃宇聰醫生

脊柱手術在過去幾十年裏發展迅速。它從傳統的脊柱減壓和無內置物融合技術開始，發展到現今包括椎弓根螺釘和椎體支架在內的脊柱內固定物的開發。另一個發展是微創技術的引入。與傳統的脊柱手術需要在背部進行較長的中線切口和廣泛分離椎旁肌肉相比，微創脊柱減壓可以通過管狀牽開器或內窺鏡在1-2.5cm大小的小傷口上進行直接減壓，或經腹部側位放入椎體支架進行間接減壓，而椎弓根螺釘可以通過經皮刺切口放入。微創技術具有減少術中失血、傷口感染和縮短術後住院時間等優點。

然而，微創技術並非沒有局限性。小切口脊柱手術可能會使那些患有嚴重退行性椎管狹窄的患者難以減壓，或者可能導致減壓不足。小傷口還限制了椎體支架的尺寸，從而限制了從患者背側放置骨移植物的體積，這可能會減低脊骨融合的機會。微創經椎間孔腰椎椎體間融合術中可採集的自體骨容量有限，一些骨科醫生可能會以標籤外使用的方式使用骨形態發生蛋白以增加脊骨融合的機會。現今技術雖然可以經腹部側位放入大尺寸的椎體支架進行間接性椎管減壓，但此技術不會直接進入椎管，所以不能移除壓住神經的脊骨增生。此外，微創脊柱手術技術的訓練曲線非常長，骨科醫生需要熟悉這些技術才能獲得良好的結果。

雖然微創技術可以應用於大多數脊柱疾病，但此類技術在特定的情況下未必是最佳選項，包括但不限於以下情況：

1. 急性馬尾症候群
2. 脊髓損傷
3. 脊柱感染
4. 脊柱翻修手術

在提供微創脊柱手術的選擇時，骨科醫生應根據患者的最大利益做出決定，並考慮微創技術是否能達到足夠的減壓效果。骨科醫生還需要在傳統的開放式脊柱手術方面接受過足夠的培訓和經驗，以便處理任何可能發生的術中和術後併發症（如偶發神經硬膜撕裂或術後傷口感染等）。最後，骨科醫生必須告知患者轉為開放手術的可能性，而患者需要接受這風險。

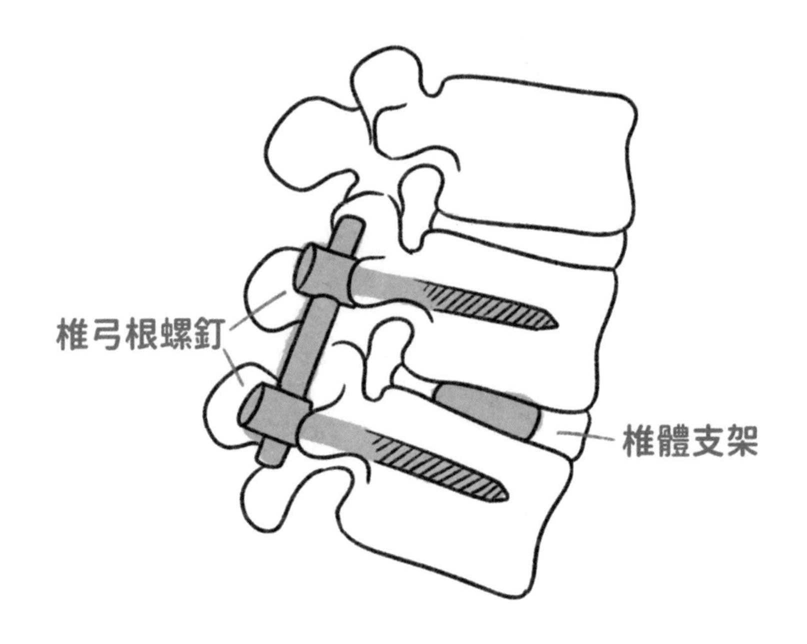

點解婆婆一直
喺度縮水？

年紀大，必定會駝背同身高「縮水」？

羅尚尉醫生

追溯到甲骨文時代，「老」字的形態是一個佝僂攜仗的老人。自古以來，駝背、身高變矮就如變老的必經階段，我們經常看到一些腰椎嚴重彎曲的老友記在街上徐徐徜徉，到底駝背是否無可避免的衰老過程？臨床上很多駝背個案是骨質疏鬆引發的脆性骨折所導致，老友記有時不小心閃到腰，感覺疼痛但不盡早求醫，以為自己塗點藥膏、休息幾天便會痊癒，其實脆性骨折已悄然發生。當脆性骨折接二連三發生，腰椎可能經歷數次骨折而有塌陷情況，令外表看起來變得駝背。

一旦患上骨質疏鬆，骨質密度會下降，即使輕微碰撞也有機會導致骨折。常見情況為彎腰轉身和打噴嚏時，腰椎發生骨折使椎體壓縮，尤其椎體前部的壓縮情況較嚴重的更多，萬一多個椎體發生類似骨折，腰椎會明顯向前彎曲呈現駝背[1]。加上一節腰椎向前傾，會令其他本身不受力的骨骼突然承受壓力。腰椎由多節骨骼組成，當中胸椎第12節（T12）及腰椎第1節（L1）是常見出現骨折之處[2]。當平時沒甚麼大礙但突然感到腰骨痛，應及早求醫，以免錯失治療的黃金時間。情況輕微或初次骨折的話，可以考慮保守治療。醫生可能會為病人安排腰封作保護，並需定期覆診檢查，評估康復進度。然而針對嚴重的腰椎骨折和塌陷情況，手術絕對不能遲。

脊椎體成型術是處理腰椎骨折塌陷的常見方法，為患處注入漿狀的骨水泥，可填充骨骼的縫隙，待骨水泥凝固後「成型」，便能穩定骨折患處和減輕病人痛楚。脊柱後凸矯型術也是脊椎體成型術的一種，萬一塌陷情況嚴重，則要先放入氣球再膨脹，撐起椎體再注入骨水泥，矯正塌陷和畸形的情況。若出現駝背現象，情況許可的話應及早接受手術治療，以免塌陷進一步加劇。

如老友記發現自己身高「縮水」、抱孫時不像以往般輕易抱得動、無法觸碰比自己高的物件、無法彎腰拾起地上的物件、連續行十級樓梯都覺得氣喘時，應該約見醫生作進一步評估。除了前文提過的雙能量X光吸收測量儀（Dual-energy X-ray Absorptiometry, DEXA）可準確檢查病人的骨質密度健康狀況外，接受磁力共振掃描（Magnetic Resonance Imaging, MRI）也能夠及早診斷腰椎骨折情況。

除了以保守治療或手術處理腰椎骨折，病人同樣要正視骨質疏鬆問題，才能避免再次骨折。健康飲食、負重運動和骨質疏鬆藥物的配合十分重要，然而很多人不把駝背當成一回事，認為駝背不像三高等慢性病對健康有明顯影響，只是略為有礙觀瞻罷了。其實駝背絕不簡單，分分鐘還可能影響呼吸和心肺功能。請緊記駝背並非變老的必然，告別骨質疏鬆和骨折，老友記都可以享受抱孫的天倫之樂。

資料來源

1. Alexandru D, So W. Evaluation and management of vertebral compression fractures. *Perm J.* 2012;16(4):46-51. doi:10.7812/TPP/12-037
2. Champlin AM, Rael J, Benzel EC, et al. Preoperative spinal angiography for lateral extracavitary approach to thoracic and lumbar spine. *AJNR Am J Neuroradiol.* 1994;15(1):73-77.

成人關節重建

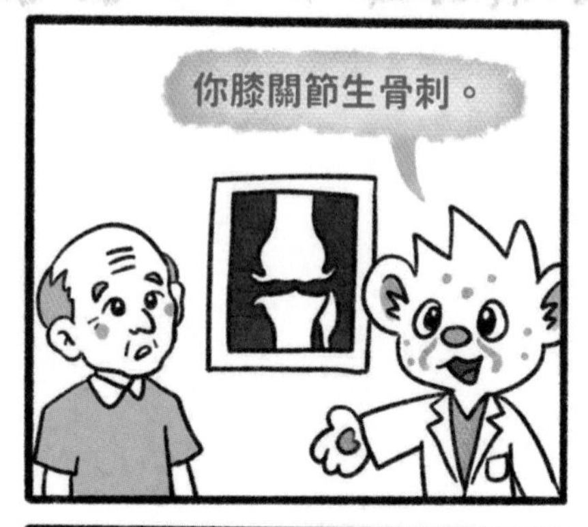
你膝關節生骨刺。

吓！生骨刺？

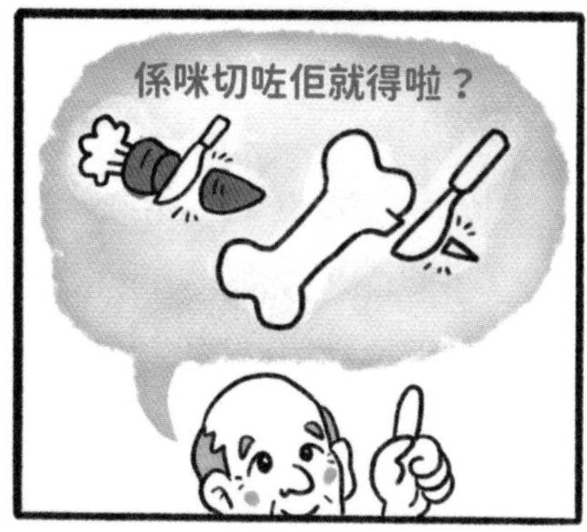
係咪切咗佢就得啦？

骨刺使唔使切走佢？打啫喱針係咪就唔痛啦？

林欣婷醫生

好驚呀，膝頭哥痛咗幾年，上個禮拜去照X光，醫生話我有骨刺！係咪可以幫我做微創切走佢呀？

骨刺，是形容關節附近骨頭增生的部份。由於大部份骨刺的形態比較突出，形同尖刺，加上常與關節退化的情況掛鈎，所以容易對它產生恐懼。骨刺的形成，是由於關節長期受壓而刺激骨膜細胞增生，繼而引發一連串骨質和軟骨增生的作用。在膝關節的部份，最常見是內側磨蝕退化，在股骨和脛骨邊緣出現唇形骨刺（lipping osteophyte，圖中橙色箭咀所示），形態就像兩片對接的嘴唇一樣，嘗試穩定正在磨蝕的關節。根據醫學研究數據顯示，脛骨部份的骨刺與長期膝頭痛存在一定的關聯。儘管如此，觀察骨刺並不能有效監察膝頭退化的惡

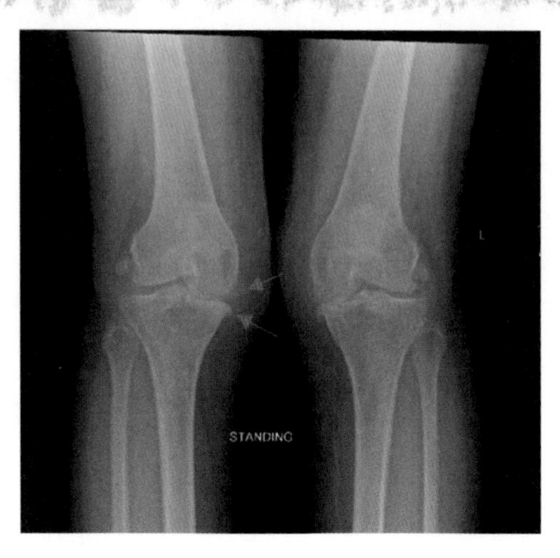

化情況。即是説，骨刺變大並不代表膝蓋會更痛或病人功能會變差，我們亦不能單憑骨刺去斷定病症的重輕。膝關節退化另外還包括其他病變現象，例如關節間隙隨着軟骨磨蝕而收窄，關節底部骨頭變硬，及有水囊的形成。這些情況在不少的個案中與骨刺並存，能夠在X光片上觀察得到。[1-4]

那麼，骨刺是痛楚的根源嗎？不！醫學文獻都得出結論骨刺本身並不會發痛。只有當骨刺對周遭身體結構，例如韌帶、神經、血管造成擠壓，就有可能會產生局部性痛楚、神經痛、活動受阻或者其他不良的影響。在這些情況下，去除骨刺來減壓會有助舒緩症狀。可是，大部

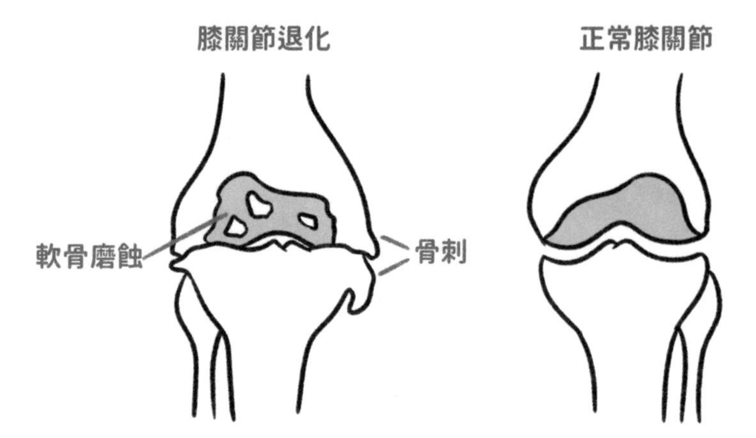
膝關節退化
正常膝關節
軟骨磨蝕
骨刺

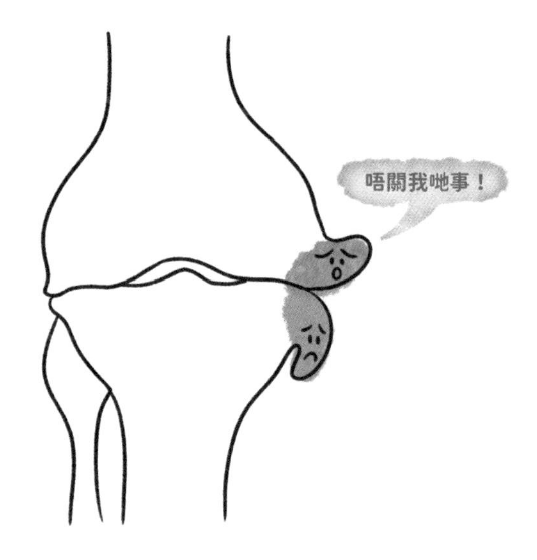
唔關我哋事！

份病人所忍受的痛楚，並不是以上所說的情況，單憑清除骨刺並不會有效用。痛的成因，與發炎的情況有關。軟骨深層磨蝕而底骨外露，造成步行或着力時壓力不平均，亦不能被有效地吸收，加劇周遭軟組織發炎的狀況。在退化初期，患者要加強肌肉訓練，減少高衝擊力的關節活動，適當使用消炎止痛藥，才能夠有效控制發炎。在晚期的退化，當保守治療未能有效減低痛楚，患者功能大受影響的時候，便需要考慮關節置換手術。總的來說，在大部份情況下，骨刺只是被無辜地被套上痛楚的罪名，實際上並不是我們要針對治療的對象。

至於微創手術，在膝關節的部份通常是指關節鏡手術，它能夠利用微細的切口放入儀器，清除鏡頭內所見的骨刺，以及發炎的軟組織。但眾多的研究指出，膝關節鏡對退化性關節炎的功效，例如減痛和功能改善等都十分有限。除非病人本身有其他情況，例如有游離體卡着關節需要取出，否則並不值得進行[5]。

吓？咁點算呀，我朋友話可以打番啲啫喱針，佢打咗話掂喎！係咪即係葡萄糖胺？

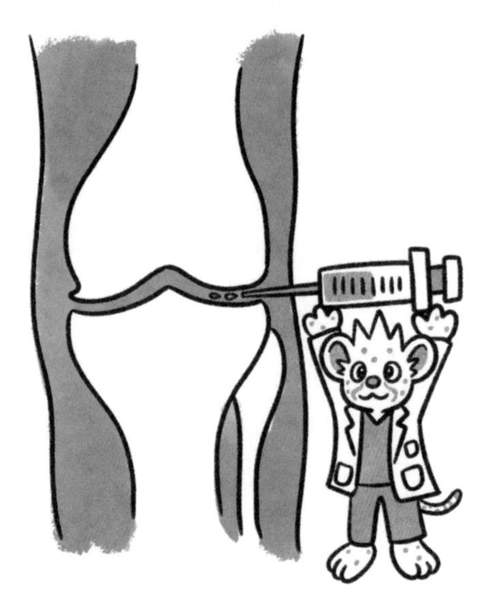

坊間俗稱的啫喱針，其成份為透明質酸。當我們的膝關節退化，關節液會變得稀釋而失去潤滑的作用。所以打啫喱針的原理就是補充關節液，希望令病人感覺膝蓋位置重新潤滑起來，舒緩退化和發炎的症狀。過往某些元分析數據指出，透明質酸能為輕微至中度嚴重的膝退化病人，帶來輕微至中度的痛楚改善，但其效果難以和安慰劑效果區分。儘管某部份病人確實因而減輕痛楚，其作用的有限期大約只有6個月至1年[6]。可是，最新的元分析顯示打啫喱針並不能有效提供任何重要的臨床減痛效果[7]。

至於葡萄糖胺，是坊間常見的口服營養補充劑。軟骨的成份為蛋白多糖（proteoglycan）和骨膠原，蛋白多糖可以保存軟骨的水份，加強避震能力。葡萄糖胺正是蛋白多糖的製造原料，所以有研究指出，它可以阻慢軟骨耗損，甚至刺激軟骨細胞增生[8]。另外亦有個別實驗室和動物研究顯示，葡萄糖胺有消炎作用，可能因此減輕退化發炎[9]。 但綜觀現有醫學上較強的證據，暫未能有效證明增加蛋白多糖的水平可以修補軟骨，未能實現大眾對退化關節「返老回春」的願望[10]。

資料來源

1. Boegard T, Rudling O, Petersson IF, Jonsson K. Correlation between radiographically diagnosed osteophytes and magnetic resonance detected cartilage defects in the patellofemoral joint. Ann Rheum Dis 1998;57:395–400.
2. Wong SH, Chiu KY, Yan CH. Review Article: Osteophytes. *J Orthop Surg (Hong Kong).* 2016;24(3):403-410. doi:10.1177/1602400327
3. Felson DT, Gale DR, Elon Gale M, Niu J, Hunter DJ, Goggins J, et al. Osteophytes and progression of knee osteoarthritis.Rheumatology(Oxford)2005;44:100–4.
4. Wright AA, Cook C, Abbott JH. Variables associated with the progression of hip osteoarthritis: a systematic review. Arthritis Rheum 2009;61:925–36.
5. O'Connor D, Johnston RV, Brignardello-Petersen R, et al. Arthroscopic surgery for degenerative knee disease (osteoarthritis including degenerative meniscal tears). *Cochrane Database Syst Rev.* 2022;3(3):CD014328. Published 2022 Mar 3. doi:10.1002/14651858.CD014328
6. Richette P, Chevalier X, Ea HK, et al. Hyaluronan for knee osteoarthritis:

an updated meta-analysis of trials with low risk of bias. *RMD Open.* 2015;1(1):e000071. Published 2015 May 14. doi:10.1136/rmdopen-2015-000071

7. Pereira TV, Jüni P, Saadat P, et al. Viscosupplementation for knee osteoarthritis: systematic review and meta-analysis. *BMJ.* 2022;378:e069722. Published 2022 Jul 6. doi:10.1136/bmj-2022-069722

8. James CB, Uhl TL. A review of articular cartilage pathology and the use of glucosamine sulfate. *J Athl Train.* 2001;36(4):413-419.

9. Kantor ED, Lampe JW, Navarro SL, Song X, Milne GL, White E. Associations between glucosamine and chondroitin supplement use and biomarkers of systemic inflammation. *J Altern Complement Med.* 2014;20(6):479-485. doi:10.1089/acm.2013.0323

10. Clegg DO, Reda DJ, Harris CL, et al. Glucosamine, chondroitin sulfate, and the two in combination for painful knee osteoarthritis. N Engl J Med. 2006; 354(8): 795-808.doi:10.1056/NEJMoa052771.

今次個手術可以用
機械人幫你做。

機械人做手術？係咪……

乜嘢係機械人手術？用機械人輔助關節置換手術真係得？

余敬行醫生

其實乜嘢係關節置換手術？

關節置換手術可以將損壞的關節部位更換成人工關節，來減輕關節疼痛、改善關節功能和提高生活質量。

當進行關節置換手術時，骨科醫生會透過手術儀器根據病人股骨和脛骨的力學線進行骨切割，切除受損的關節組織，然後放入人工關節。然而，這種方法倚靠醫生的判斷和切割的準成度，文獻已經證實人工關節位置的準成度可以影響關節的長遠存活率。

咁乜嘢係機械人輔助關節置換手術呢？

在手術過程中機械人可以量化關節活動的數據，協助骨科醫生根據病人的具體情況制定個人化的手術計劃，同時機械人可以精準定位以協助骨科醫生執行計劃的骨切割，準確地放入人工關節到既定的位置。

咁有骨科醫生做就得啦！
點解又要用機械人呢？

研究顯示，機械人輔助關節置換手術比起傳統手術可以更精準地放入人工關節。亦有研究顯示，機械人輔助關節置換手術可能更有效改善病人的功能，減少手術的併發症。不過操作機械人臂需要進行專門的訓練。另外，機械人手術需要使用高端的醫療設備和技術，這可能會增加手術成本和時間。

機械人關節置換手術的未來潛力很大，因為隨着科技的不斷進步和人工智能的不斷發展，機械人技術將會越來越成熟和完善。目前，新界東聯網關節置換中心和香港中文大學醫學院骨科正進行有關機械人關節置換手術的研究和發展，以便更好地應用機械人於關節置換手術中，為病人的健康帶來更多的貢獻和價值。

資料來源

- Lau CT, Chau WW, Lau LC, Ho KK, Ong MT, Yung PS. Surgical accuracy and clinical outcomes of image-free robotic-assisted total knee arthroplasty published online ahead of print, 2023 Feb 2. Int J Med Robot. 2023;e2505. doi:10.1002/rcs.2505
- Kayani B, Haddad FS. Robotic total knee arthroplasty. Bone Joint Res. 2019;8(10):438-442. doi:10.1302/2046-3758.810.BJR-2019-0175

排手術排咗五年，
終於有得換膝啦！

我哋會幫你安排換半膝。
!!

我明明全個膝頭都痛，
做乜只係幫我換半膝！

醫生話我膝關節退化可以換半骹。係咪換全骹會好啲？

蔡子龍醫生

半骹（部份膝關節置換術）和全骹（全膝關節置換術）是治療膝關節退化的兩種手術方式。選擇哪一種手術方式取決於患者的具體情況，以下我們將要比較這兩種手術。

半骹手術主要針對受到膝關節退化影響的部份區域。半骹手術的優點是它保留了更多的正常骨頭和軟組織，手術創傷較小，恢復時間較短。但是，如果退化影響到關節的其他部份，半骹手術可能無法解決所有問題。還有，有一小部份病人於接受半骹手術後可能因為膝關節退化進一步惡化而需要進行復修關節置換手術。

全骹手術則是在膝關節退化影響到整個關節時採用的一種手術方式。全骹手術可以解決由於退化導致的關節疼痛和功能障礙。然而，全骹手術創傷較大，恢復時間較長。

聽落去，半骹好似冇咁耐用喎，捱到幾多年㗎？

在耐用性方面，全骹手術的壽命和半骹手術的壽命相若。人工關節的壽命與患者的年齡、活動水平和其他健康狀況有關。年輕、活躍的患者可能會加快磨損置換的關節，然而，90%術後病人的人工關節能保持10年。

最後，半骹手術和全骹手術各有優缺點。選擇哪種手術方式取決於患者的具體情況和需求。在做出決定之前，建議與醫生充份討論以確定最適合你的治療方案。

資料來源

- Siman H, Kamath AF, Carrillo N, Harmsen WS, Pagnano MW, Sierra RJ. Unicompartmental Knee Arthroplasty vs Total Knee Arthroplasty for Medial Compartment Arthritis in Patients Older Than 75 Years: Comparable Reoperation, Revision, and Complication Rates. J Arthroplasty. 2017;32(6):1792-1797. doi:10.1016/j.arth.2017.01.020
- Meniscus Tears - Orthoinfo - Aaos. OrthoInfohttps://orthoinfo.aaos.org/en/treatment/unicompartmental-knee-replacement/. Published September 2021. Accessed March 2023.

- Wilson HA, Middleton R, Abram SGF, et al. Patient relevant outcomes of unicompartmental versus total knee replacement: systematic review and meta-analysis published correction appears in BMJ. 2019 Apr 2;365:l1032. BMJ. 2019;364:l352. Published 2019 Feb 21. doi:10.1136/bmj.l352

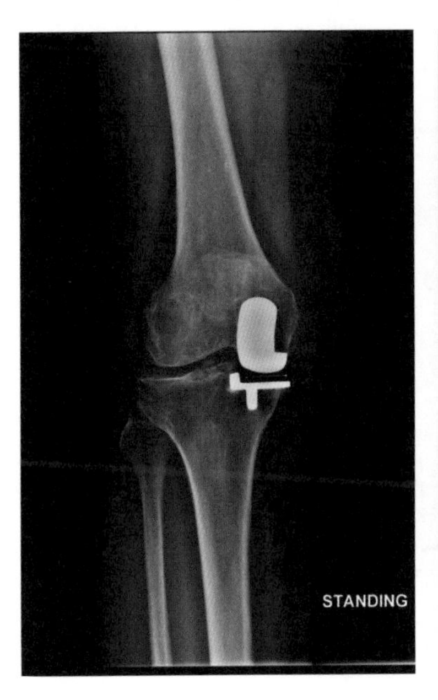

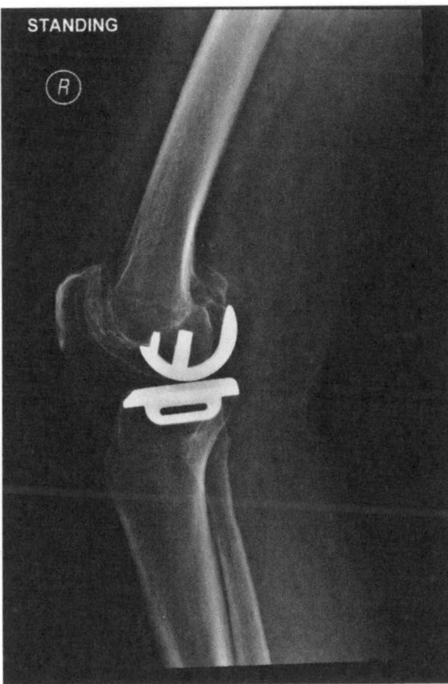

你一次過做兩邊膝蓋關節置換
手術，復康都咁快，非常好！

你就好啦！

我今次只係做咗一邊，
之後又要辛苦多一次！

兩隻腳一齊換骹，真係得？

林欣婷醫生

醫生，我兩邊膝頭哥退化，捱咗好多年啦，如果而家想換，換邊一隻先好呀？

這是一個在關節置換門診常見的問題。有不少的個案，病人兩邊的膝關節退化程度不一，可能是一邊比較痛，但另一邊就比較變形，所以需要就病人的期望和醫生的評估作出討論。我們會先排除一些要優先處理的緊急情況，例如關節急速變形、嚴重的骨骼磨損、需要較複雜的重建手術等等。一般而言，病人都傾向選擇疼痛較厲害的一邊先做手術，這樣對術後的復康效果、病人的滿意度和功能的提升都有較大幫助。若是兩邊疼痛程度相當，則會選擇變形較嚴重的一邊進行。在完成一邊的關節置換手術後，當傷口癒合成功而病人能夠適應人工關節的情況後，便會安排另一邊的手術在短期內進行。

當然另一個選項是雙側全膝關節置換術，即是在同一個手術內換兩邊膝關節，而當中我們會先進行一邊的手術，把傷口縫合之後，再開始進行另一邊的手術，這是較為常見的順序做法。有另一種做法是，安排兩組醫生在手術室內同時進行手術，但這需要人手比較多，儀器安排亦比較複雜，更有機會對病人造成更大的生理負荷。所以本文所說的雙側全膝關節置換術，是前者的順序做法。那麼這種手術有何好處呢?對病人而言，他們只需要經歷一次麻醉，整體留院日數亦會降低，亦不用重複經歷手術後的復康程序。若比較一次雙側與兩次單側手術，整體手術時間平均短大約半小時，病人平均減少3次物理治療和職業治療。雖然雙側關節置換術的血色素下降比率較高，但輸血百分比、併發率和再度入院率，都與單側手術無重大分別。綜觀外國和本港的研究數據，雙側全膝關節置換術的潛在風險，相對於一次性的單側手術，包括較長的手術時間、更大的機會引致脂肪栓塞症候群、併發率較高、輸血比率高和傷口發炎等。所以在進行此項手術前，我們會根據既定的選取要求，選擇合適低風險的病人，基本考慮條件如下：

1. 年齡少於75歲。

2. 根據ASA美國麻醉學會第一級第二級分類低風險麻醉人士。
3. 沒有嚴重內科疾病，例如睡眠窒息症或者嚴重癡肥或者心臟血管、心冠病的病歷。
4. 膝蓋的情況相對簡單，不需要作任何矯形截骨術。

雙側全膝關節置換術自2016年起，已在新界東聯網關節置換中心進行，大約佔每年進行關節置換手術病人的15%，可見其常見的程度。

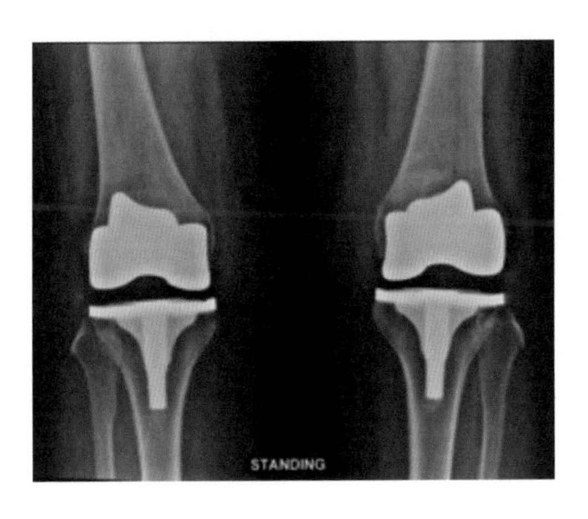

吓？兩隻一齊換咁我點行呀？

進行雙側關節置換手術之後，和單側手術一樣，病人同樣會進行即日復康的程序。當麻醉藥效過後，護士會派發多種止痛藥，而這些藥物是由醫生在手術前根據評估，預早為病人配備的。在術後第一天，病人可能會感覺到比單側手術較高的痛楚程度，但都屬於使用混合式止痛藥能夠控制的範圍，而情況會在往後數天陸續有改善。物理治療師會因應情況，為雙膝進行冷敷，輔助病人在病床上移動、坐立和使用步行輔助器在病房練習走動。根據新界東關節置換中心數據顯示，進行雙側膝關節置換手術的病人平均住院日數少於一星期，最快3天，最長亦不超過兩星期。何謂「適合出院」呢?醫生、護士和治療師會進行一連串評估，確保病人身體情況穩定，能夠順利在病房內安全步行，而家中亦有固定的照顧者守候。參照研究數據，比較雙側和單側手術的同類病人，前者在完成物理治療療程後的表現更佳。所以不難幻想，其實進行雙側關節置換手術的病人能夠行得更好，「兩隻腳一齊換，真係得！」。

病人家屬：但係我媽媽有高血壓又有糖尿病，身體頂唔頂得順㗎？

一般而言，麻醉科醫生會評估病人的麻醉風險。正如上述所講，如若病人的糖尿病和高血壓狀況屬於良好控制的情況，他仍然有可能是屬於低風險麻醉的級別。當然麻醉科醫生會有更多的評估項目，例如病人的體重、有否吸煙飲酒習慣、有否其他心肺疾病等等。所以有不少病人，儘管需要長期服用血壓和糖尿藥，都能夠順利完成雙側手術。當然，若是病人十分擔心其身體狀況，可以自由選擇單側手術，始終「勉強無幸福，最緊要開心」。

我諗諗下，都係換咗痛啲嗰隻先，好似另一隻而家唔係太痛。但係咁樣換一隻唔換另一隻，會唔會長短腳㗎？

理論上，膝關節置換手術會令患肢稍為變長，原因是術前的關節變形以及關節空間收窄得到改善。可是，根據一項研究數據，膝關節置換術平均只帶來2毫米的伸長

效果。在研究中，若病人只有一邊完成手術，而另一邊有少許膝蓋退化，絕大部份都不會有明顯的長短腳，當中出現大於1cm差距的個案少於10%。另一項研究則顯示，在X光片上量度出長短腳的病人，很多時候並沒有感覺到差距，反之亦然。在大部份的情況下，會有10%病人在手術後感到長短腳，但感覺大多都在術後3個月內消失。

不過，數據未必反映所有病人的情況，若病人兩邊的膝蓋都屬於中度至嚴重的變形，而只換一邊的情況下，還是較大可能出現長短腳，外觀看來亦會「一直一曲」。所以若你有長短腳的擔心，記得要向你的骨科醫生查詢和討論。

資料來源

- Wan RCW, Fan JCH, Hung YW, Kwok KB, Lo CKM, Chung KY. Cost, safety, and rehabilitation of same-stage, bilateral total knee replacements compared to two-stage total knee replacements. *Knee Surg Relat Res*. 2021;33(1):17. Published 2021 Jun 12. doi:10.1186/s43019-021-00098-z
- Liu L, Liu H, Zhang H, Song J, Zhang L. Bilateral total knee arthroplasty: Simultaneous or staged? A systematic review and meta-analysis. Medicine (Baltimore). 2019;98(22):e15931. doi:10.1097/MD.0000000000015931
- Goldstein ZH, Yi PH, Batko B, et al. Perceived Leg-Length Discrepancy After Primary Total Knee Arthroplasty: Does Knee Alignment Play a Role?. *Am J Orthop* (Belle Mead NJ). 2016;45(7):E429-E433.
- Hinarejos P, Sánchez-Soler J, Leal-Blanquet J, Torres-Claramunt R, Monllau JC. Limb length discrepancy after total knee arthroplasty may contribute to suboptimal functional results. *Eur J Orthop Surg Traumatol.* 2020;30(7):1199-1204. doi:10.1007/s00590-020-02683-6

運動醫學

呀！
啪

似斷了前十字韌帶。

吓！我係咪呢世
冇機會做球王？！

前十字韌帶斷咗，係咪一定要做手術呀？

吳曦倫醫生

我條十字韌帶有咩用？

前十字韌帶和後十字韌帶是人體膝關節中兩條很重要的韌帶。十字韌帶橫跨並固定在膝關節上端的股骨和下端的脛骨。膝關節的功能主要靠韌帶來維持，其中前十字韌帶負責規限脛骨向前移動的程度，同時亦規限外翻、內翻和旋轉等動作，從而提供關節的穩定性。

我點知條十字韌帶撕裂咗？

最常見發生於高風險運動時，例如足球、籃球、滑雪、野外賽跑等。高風險動作包括突然變向、不正確落地、突然停止或加速，或劇烈衝擊。前十字韌帶撕裂的症狀包括膝關節發出「啪嗒」聲，膝關節腫脹和疼痛，膝關節不穩定，有時甚至感覺膝蓋像在「鬆動」。

如果前十字韌帶撕裂咗，唔做手術會唔會有後遺症？

因為前十字韌帶是一條關節內的韌帶，而關節內的關節液會影響韌帶修復能力，一般來說十字韌帶撕裂後都不會完全自動復原。當膝關節變得不穩定，做任何高風險的動作都有機會導致其他組織例如半月板和軟骨受損。

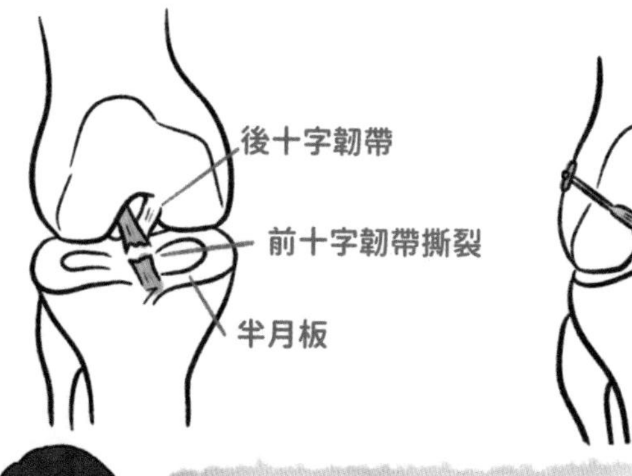

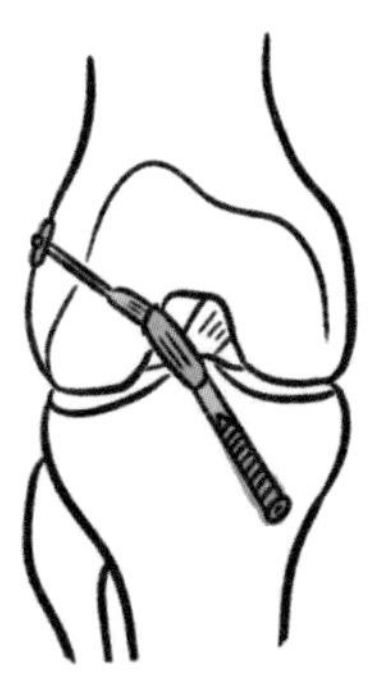

前十字韌帶
重建手術

十字韌帶撕裂咗係唔係一定要做手術？

並不一定要做手術。手術選擇取決於患者的年齡、活動水平、受損程度以及其他健康因素。通常建議需作手術的病人有兩類。第一，病人出現膝關節不穩定症狀，並對生活造成不同程度的影響，如妨礙走路、上落樓梯和體育運動等。第二，病人為活躍運動人士，且希望往後繼續進行運動項目或運動職業。

十字韌帶撕裂咗應該幾時做手術？

手術一般需要等待腫脹消退和疼痛緩解後，並可以完全伸直及屈曲時才適合進行手術。如果關節內的炎症未消退而做手術，術後關節僵硬的風險會大大增加。

十字韌帶應選擇重建定修補？

因為前十字韌帶自然復原的能力欠佳，傳統手術方法都是重建手術。近年有新科技發展修補部撕裂的前十字韌帶。雖然早期數據顯示手術頗成功，但需要更多研究和長遠數據才能知道真正的成功率。

重建手術係用乜嘢嚟重建？

十字韌帶手術通常使用患者自身的組織，例如大腿膕繩肌腱、髕骨韌帶、四頭肌筋腱。其他較少用的方法包括他人捐出的筋腱或人工材料。各有好處和壞處，醫生會再跟你詳細解釋。在香港較常見用大腿膕繩肌腱來重建十字韌帶。

術後幾時可以做返運動？

康復和復健時間的長短，取決於手術類型和受損程度，以及患者的年齡和身體狀況。通常需要至少6-9個月的復健才能進行高強度的運動。在此期間，患者需要遵循醫生和物理治療師的建議，逐步加強運動強度和範圍，以避免再次受傷。

做咗手術會唔會可以避免關節退化？

雖然回復關節穩定可以避免其他軟組織例如半月板和軟骨受損，但至今還沒有長遠數據證實十字韌帶手術可以預防退化。

做完手術後有冇後遺症？

術後早期最常見後遺症的包括傷口腫痛和行動不便。而長遠後遺症則非常少。因為手術是一個微創手術，細菌感染風險少於1%。術後一定要遵循醫生和物理治療師的指示進行復健，在黃金6星期內達到正常屈曲避免膝關節僵硬。如果術後鍛煉不足，更會引致十字韌帶有機會再度斷裂。

資料來源

- Anterior Cruciate ligament Injuries - Orthoinfo - Aaos. OrthoInfo. https://orthoinfo.aaos.org/en/diseases--conditions/anterior-cruciate-ligament-acl-injuries/. Published Oct 2022. Accessed 20 March 2023
- Kaeding CC, Léger-St-Jean B, Magnussen RA. Epidemiology and Diagnosis of Anterior Cruciate Ligament Injuries. Clin Sports Med. 2017;36(1):1-8. doi:10.1016/j.csm.2016.08.001
- Diermeier T, Rothrauff BB, Engebretsen L, et al. Treatment after anterior cruciate ligament injury: Panther Symposium ACL Treatment Consensus Group published correction appears in Knee Surg Sports Traumatol Arthrosc. 2022 Mar;30(3):1126. Knee Surg Sports Traumatol Arthrosc. 2020;28(8):2390-2402. doi:10.1007/s00167-020-06012-6

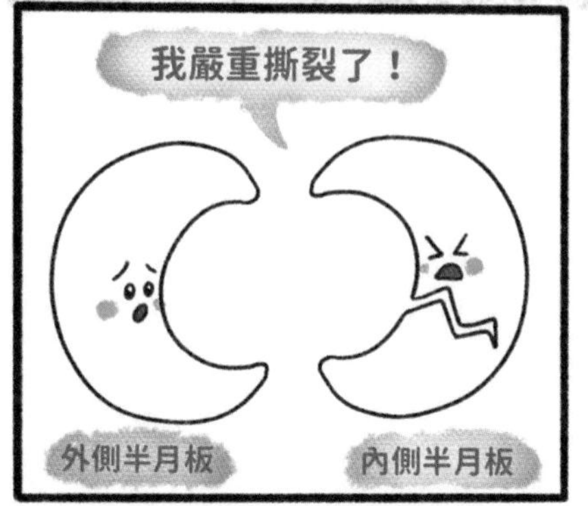
我嚴重撕裂了！
外側半月板
內側半月板

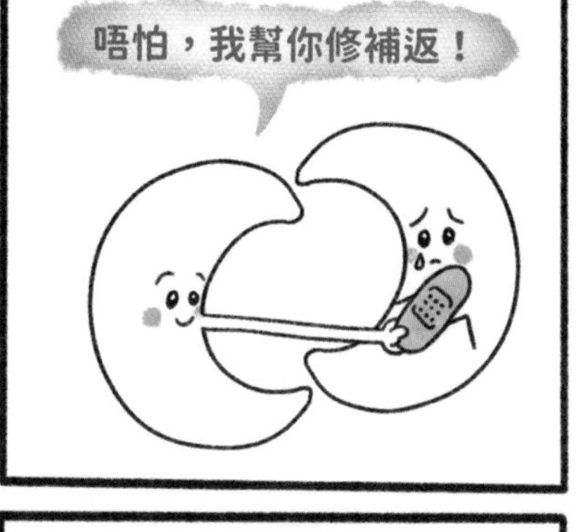
唔怕，我幫你修補返！

點解仲未好返嘅？

半月板係乜？

黃盈盈醫生、王添欣教授

半月板是膝關節的「避震器」，位於膝蓋關節內側和外側的軟骨結構，協助膝蓋避震並穩定膝關節，減緩關節活動時的衝擊力。半月板是由纖維軟骨組成，分為內側半月板和外側半月板。身體上半部產生的壓力，經半月板分散、吸收、下傳到腳底，可以減少膝關節負荷，避免膝軟骨磨損。半月板可以控制關節旋轉程度，對穩定膝關節的活動非常重要，具有人體避震器的功能。

點解會有半月板撕裂？

半月板撕裂可歸納為以下兩種：急性撕裂及退化性撕裂。急性撕裂是常見的運動創傷，尤其常見於競賽性運動員身上，例如要利用膝關節做出急轉向的動作。除此以外，隨着年齡的增長，日積月累的壓力也會令半月板退化。退化性撕裂。即使日常生活的簡單動作，如上落樓梯，都能令脆弱老化的半月板受傷。

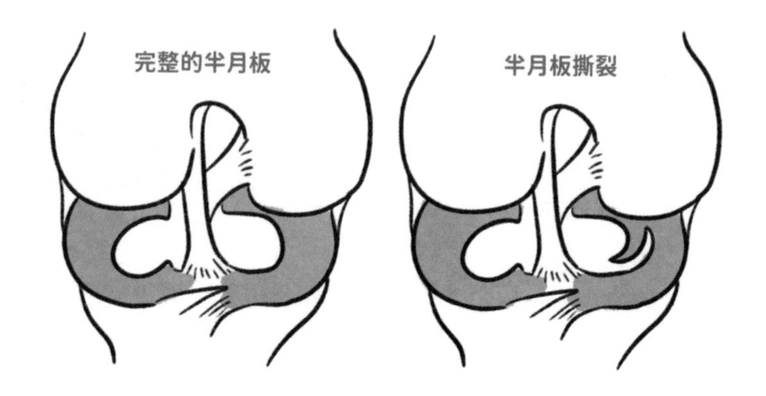

半月板撕裂有咩症狀？

半月板撕裂後，最常見的症狀是行走或運動時的疼痛，疼痛部位可以在關節的一側，嚴重的話會令膝關節卡住或鎖住。一般症狀如下：

- 膝關節腫脹
- 疼痛定位於內側或外側
- 膝關節卡住或鎖住
- 膝關節無法蹲下或伸直
- 膝蓋發出異常的聲音
- 膝蓋產生異物感和卡住的感覺
- 可能無法奔跑，甚至走路也會受到影響

點樣診斷半月板已撕裂？

半月板撕裂的診斷通常需要綜合膝關節的臨床症狀、檢查和影像掃描等，一般的診斷方法如下：

- 臨床症狀： 有以上半月板撕裂的常見症狀。
- 臨床檢查：醫生可以通過檢查患者的膝關節外觀、觸摸膝關節等方法來判斷是否存在半月板損傷。
- 影像學檢查：影像學檢查可以提供更直觀的半月板損傷信息，包括X光檢查、磁力共振（MRI）等。X光檢查主要用於排除其他骨骼問題，例如骨折，以得到更準確的診斷。磁力共振可以顯示半月板的位置、形態和損傷程度，有助於確定半月板撕裂的類型和位置，另外也可以檢測關節的韌帶組織。

點樣治療半月板撕裂？

半月板撕裂的治療方法主要包括保守治療和手術治療兩種。具體選擇哪種治療方法，需要根據患者的年齡、症狀、半月板損傷程度等因素來決定。

- 保守治療：包括休息、物理治療、藥物治療等。休息是為了減輕膝關節的負荷和壓力，促進半月板撕裂的癒合。初期物理治療包括冷敷及加壓治療控制炎症和痛楚。其後， 若情況穩定，便可嘗試簡單的關節運動，如踏單車及屈伸動作以恢復關節活動幅度、最後配合大腿肌肉強化、平衡力訓練和反應練習等。藥物治療主要包括止痛藥、消炎藥等，可以緩解疼痛和減輕炎症。

- 手術治療：包括半月板修復、半月板切除等。手術治療適用於年輕的患者或半月板損傷較嚴重的患者。主要利用膝關節鏡進行微創手術，透過小切口進行半月板手術。
- 半月板修復手術：根據半月板的撕裂位置而以相應方法修補，包括通過縫合或固定半月板來促進其癒合。
- 半月板部份切除手術：如果半月板撕裂情況嚴重以致無法修補，則會進行局部切除。
- 人工半月板移植手術：適用於部份年齡及情況許可的半的月板移植手術後的病人去減輕半月板切除後的疼痛和退化。

點樣預防半月板撕裂？

以下是預防半月板撕裂的一些方法：

1. 適當的運動：保持適當的運動量有助於增強膝關節周圍的肌肉和韌帶，減少半月板受傷的風險。適宜的運動方式包括游泳、騎自行車、慢跑等。
2. 注意膝關節的保護：膝關節是半月板的重要支持，需要特別關注。平時在日常活動中，要注意膝關節的保護，如避免長時間蹲跪，避免激烈運動及碰撞等。運動前後必須進行足夠的伸展熱身活動，切勿突然提升運動或訓練的強度與密度。
3. 保持適當的體重：體重過重會增加膝關節的負擔和壓力，加速半月板的退行性變，增加半月板撕裂的發生率。保持適當的體重有助於減輕膝關節的負擔，減少半月板受傷的風險。

需要注意的是，以上方法並不能完全避免半月板撕裂的發生，但可以減少其發生的風險。如果出現膝關節疼痛、腫脹等症狀，應及時就醫，以免病情惡化。

資料來源

- Meniscus Tears - Orthoinfo - Aaos. OrthoInfo. https://orthoinfo.aaos.org/en/diseases--conditions/meniscus-tears/. Published March 2021. Accessed March 26, 2023.
- Turman K, Diduch D. Meniscal repair – indications and techniques. The Journal of Knee Surgery. 2010;21(02):154-162. doi:10.1055/s-0030-1247812
- Makris EA, Hadidi P, Athanasiou KA. The knee meniscus: Structure–function, pathophysiology, current repair techniques, and prospects for regeneration. Biomaterials. 2011;32(30):7411-7431. doi:10.1016/j.biomaterials.2011.06.037

Hey!

哎喲我甩咗臼！
呀！對唔住呀！

唔怕，我自己復位就可以！
吓！咁都得？

打波碰撞後，膊頭甩臼，點算？

江卓穎醫生、徐鈞鴻醫生、羅英勤醫生

如果我個膊頭甩臼點算？

肩關節是人體最靈活的關節之一，而獲得活動幅度的代價就是它的穩定性不及其他關節，因此肩關節脱臼（俗稱甩臼）並非罕見。於淺述脱臼怎樣處理之前，先讓我們理解肩關節由甚麼結構組成：肱骨嵌在肩盂骨之上，而肩盂骨的四周被肩唇包圍用以緩衝和減低脱臼的機會。附近的肩旋肌肌腱也為關節提供穩定性和活動性。脱臼指肱骨從任何方向脱離肩盂骨，而每一次脱臼也有機會令附近的骨頭及軟組織受傷。

脱臼大部份情況下由創傷引致，急性症狀包括肩膀疼痛、變形、腫脹、以及手臂無力。假如你懷疑自己的肩關節脱臼，請從速就醫，不要嘗試自行復位。一般而言，醫生會根據病史、臨床檢查、輔以X光來確定病因。

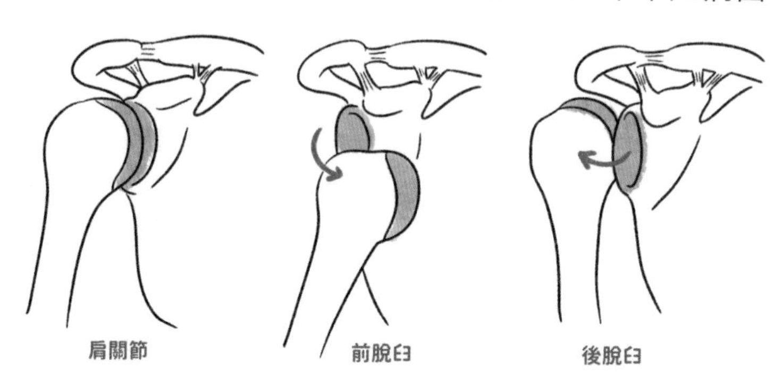

醫生幫我個膊頭復位時痛唔痛㗎？

「閉合性復位」適用於沒有嚴重骨折的脫臼。醫生會先使用足夠的鎮靜劑和止痛藥，再牽引肱骨回到正常的位置，手術後再以X光確定關節位置。脫臼的痛楚會於復位後消失。絕大多數患者都毋須手術復位。

我個膊頭會唔會再甩臼？

研究發現男性、高運動量、少於40歲和韌帶比較鬆弛的患者再次脫臼的風險較高。當首次脫臼的年紀少於20歲的話，復發的機會高達90%。再者，關節所受的傷害也會影響日後的穩定性。肩唇撕裂以至肱骨或肩盂骨骨折都會增加再脫臼的機會。幸而大部份病人在初次脫臼後都可以先用保守治療的方式處理，不是每位患者都需要接受手術。

甩臼後應唔應該郁個膊頭？

肩關節復位後需要佩戴肩部固定器約2-3週讓受傷的軟組織復原。隨着疼痛逐漸消退，物理治療師會循序漸進地幫助病人進行復康訓練以恢復肩關節的活動幅度和肌肉力量。長期減少肩膊活動可以引致繼發性肩周，日常生活會受肩膊疼痛和繃緊所影響，得不償失。

甩臼之後幾時可以做返運動？

這一方面因人而異。重返運動的前提是患者的肩膊需要有足夠的穩定性、活動幅度和力量。不同運動對肩膀的需求各有不同，如運動對肩膊需求少，例如踢足球，數星期內已可重投運動。如果運動對肩膊需求大，例如排球、羽毛球的話，便需要2-3個月才能重投運動。

點解我又要照X光，又要照磁力共振？

對於肩膊脫臼的患者來説，一般會先透過X光診斷。X光可用於檢查骨骼，從而確定有沒有骨折或關節脫臼；也可以於醫生復位後確認肩關節完全復位。而磁力共振成像（MRI）可以檢查軟組織如肌肉、筋腱、韌帶等組織是否有受損或撕裂的情況。MRI同時也能讓醫生了解肩膊周邊軟組織及關節骨頭狀況，為部份可能需要手術的病人提供更全面和精確的診斷，讓醫生制定最適合的治療方案。

甩臼後需唔需要做手術？

肩膊脫臼後是否需要手術取決於脫臼的次數、年齡、運動量需求及嚴重程度等因素。對於首次脫臼、年紀較大及較少運動的病人，可以通過物理治療和運動康復來治療。

年紀較輕及高運動量的病人重複脫臼的可能性較大。研究顯示20歲以下脫臼及有運動習慣的患者，重複脫臼機會可高達90%，而每一次脫臼都可能對肩膊造成額外的軟組織或骨頭損傷。因此一般而言，年紀輕、高運動量、及重複脫臼的病人有機會需要以手術來修補以鞏固肩關節，建議與你的醫生進行討論，以確定最適合您的治療方法。

係咪全部手術都係微創嚟？

肩膊修補鞏固手術通常可以使用微創關節鏡手術方式進行。醫生會通過較小的切口和微創工具來進行手術，從而減少損傷和恢復時間。然而有部份情況下，例如肩膊骨骼損傷較大時，也有機會需要開放手術以作修補。實際情況需要根據患者的個人情況而決定。

做手術有咩風險同後遺症？

肩膊修補鞏固手術通常是安全和有效的，但仍然存在一些風險和後遺症，包括：

1. 感染：所有手術都有感染的風險，但這種風險很小，醫生通常在術前和術後用抗生素預防。

2. 出血：手術可能會導致輕微出血，但這通常是可以控制的。
3. 疼痛：手術後會有輕微的疼痛和不適感，但這些通常可以通過止痛藥和物理治療來緩解。
4. 神經損傷：手術可能會損傷周圍的神經，但這種情況很少發生。
5. 術後僵硬：手術後肩關節可能會出現僵硬的情況，但這可以通過物理治療和運動康復來改善。
6. 再次脫臼：手術後肩關節仍然可能再次脫臼，建議患者遵循正確的康復計劃。

做完手術仲有咩要注意？

手術後，請保持傷口清潔，遵循醫生及物理治療師的復康計劃。復康過程一般需要4-5個月，具體時間會因個人情況有異。

康復初期需要積極控制疼痛和腫脹，保持肩部穩定，避免肩關節過度活動。通常需要使用手托固定，並進行輕微的運動和物理治療。

在隨後的1-2個月，可以逐漸增加肩部活動和物理治療的強度和範圍，並進行肩部強化和平衡練習，促進肩關節的穩定性和功能。

在術後2-3個月，病人一般可以進一步增加運動強度和範圍，開始進行肩部負重訓練和運動康復，以提高肩關節的力量和耐力。術後3-4個月，肩膊通常會恢復到正常水平，可以開始進行更為激烈的運動和體育活動。但也需要注意避免過度使用肩部，並維持肩部的穩定性和功能。

資料來源

- Youm T, Takemoto R, Park BK. Acute management of shoulder dislocations. J Am Acad Orthop Surg 2014;22:761–71. 10.5435/JAAOS-22-12-761
- Olds M, Ellis R, Donaldson K, et al.. Risk factors which predispose first-time traumatic anterior shoulder dislocations to recurrent instability in adults: a systematic review and meta-analysis. Br J Sports Med 2015;49:913–22. 10.1136/bjsports-2014-094342
- te Slaa RL, Wijffels MP, Brand R, et al.. The prognosis following acute primary glenohumeral dislocation. J Bone Joint Surg Br 2004;86:58–64. 10.1302/0301-620X.86B1.13695
- Wasserstein DN, Sheth U, Colbenson K, et al.. The true recurrence rate and factors predicting recurrent instability after nonsurgical management of traumatic primary anterior shoulder dislocation: a systematic review. Arthroscopy 2016;32:2616–25. 10.1016/j.arthro.2016.05.039

- Jakobsen BW, Johannsen HV, Suder P, et al.. Primary repair versus conservative treatment of first-time traumatic anterior dislocation of the shoulder: a randomized study with 10-year follow-up. Arthroscopy 2007;23:118–23. 10.1016/j.arthro.2006.11.004
- Robinson CM, Howes J, Murdoch H, et al.. Functional outcome and risk of recurrent instability after primary traumatic anterior shoulder dislocation in young patients. J Bone Joint Surg Am 2006;88:2326–36. 10.2106/JBJS.E.01327
- Sperber A, Hamberg P, Karlsson J, et al.. Comparison of an arthroscopic and an open procedure for posttraumatic instability of the shoulder: a prospective, randomized multicenter study. J Shoulder Elbow Surg 2001;10:105–8. 10.1067/mse.2001.112019
- Hovelius L, Rahme H. Primary anterior dislocation of the shoulder: long-term prognosis at the age of 40 years or younger. Knee Surgery, Sports Traumatology, Arthroscopy 2016;24:330–42. 10.1007/s00167-015-3980-2
- Godin J, Sekiya JK. Systematic review of arthroscopic versus open repair for recurrent anterior shoulder dislocations. Sports Health 2011;3:396–404. 10.1177/1941738111409175
- Pulavarti RS, Symes TH, Rangan A. Surgical interventions for anterior shoulder instability in adults. Cochrane Database Syst Rev 2009;4:CD005077 10.1002/14651858.CD005077.pub2

哎呀！
好痛啊！
哈哈，你仲
唔係五十肩？

點會呀！我都未夠五十歲！

我明明未夠五十歲，醫生話我五十肩，點會呢？

江卓穎醫生、王添欣教授

「五十肩」基本上泛指三種常見而又相關的肩關節痛症，與天命之年有莫大關連卻並非必然。

於淺談幾種疾病之前，容我講解肩關節的結構。它由肱骨（humerus）和肩盂骨（glenoid）組成。肩峰（acromion）以及喙突（coracoid）位於他們的上方，它們之間由喙突肩峰韌帶（coracoacromial ligament）相連。肩峰下滑液囊（subacromial bursa）則位於肩峰下面。肩關節的穩定性及活動性有賴四條肩旋肌肌腱（rotator cuff tendon）的協助——它們不論發炎、受壓、抑或斷裂，都會引起痛症。

首先，肩周炎，又稱凝肩（frozen shoulder）或黏連性肩關節炎（adehesive capsulitis），由肩關節內部的軟組織發炎而引致黏連引起。它可分為原發性及繼發性兩類。原發性肩周炎以中年人士、女性、以及糖尿病患者居多。至於繼發性肩周炎，則可以緊隨於肩部創傷或痛症之後。肩周炎有三個階段，分別是冷凍期、凝固期，還有融冰期，整個過程大約持續10-18個月。冷凍期的主

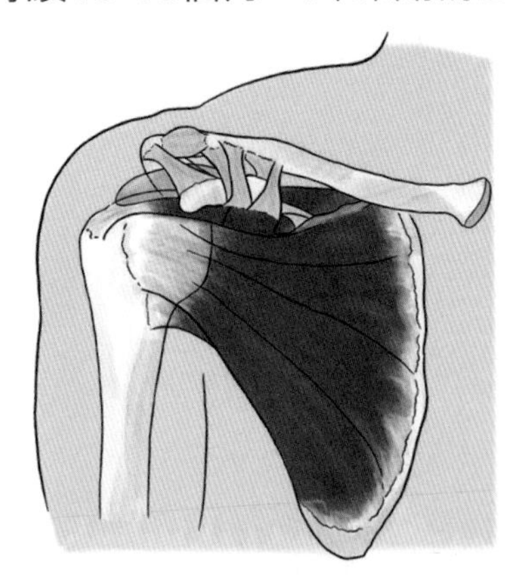

要症狀為疼痛；到凝固期的時候雖然痛症漸漸好轉，但肩關節的活動幅度卻會與日俱減；融冰期則顧名思義活動幅度會有所改善，然而活動功能不一定能回到病發前的水平。造影檢查並非必需。絕大部份患者只需要保守治療就能康復，例如止痛藥、物理治療、以及於病發之

初在肩關節內注射類固醇藥物。古語有云：「病向淺中醫。」雖然不接受治療也能不藥而癒，然而在冷凍早期保持適量活動能夠縮短整個過程以及減輕併發僵硬的機會。假若活動幅度經過長時間保守治療後仍然差強人意，還可以選擇微創或者傳統手術以解決問題。

其次，肩關節夾擊綜合症（shoulder impingement syndrome）是另一個令人困擾的痛症。病人一般都是年輕的運動員或者是中年人士，當中又以需要重複提舉手臂超過頭部的人群尤為高危。肩旋肌肌腱和肩峰下滑液囊位處於肱骨、肩峰與喙突肩峰韌帶之間，肩關節提舉的時候會令空間收窄，從而夾擊肩旋肌肌腱和肩峰下滑液囊引致炎症。症狀主要是舉起肩膀

的時候會有痛楚，因而限制了活動的幅度。有需要的情況下，超聲波或者磁力共振造影能協助斷症。大多數病人只接受保守治療足矣，方式包括休息、止痛藥、物理治療、以及在肩峰空間內注射類固醇藥物。微創或者開放式手術只會在保守治療失敗的情況下選用。

最後，肩旋轉袖斷裂（rotator cuff tear）的成因分為創傷或退化兩類——前者多見於年輕一輩，後者則受日積月累的勞損而引致。初期的病徵包括活動肩膀的時候乏力和產生痛楚，往後疼痛或延展到休息和睡眠的時候。X光、超聲波檢查、與磁力共振造影都是常用的診斷工具。斷裂程度可大可小，治療方法除了根據斷裂的位置和大小以外，亦需要考慮患者對肩關節的需求——年

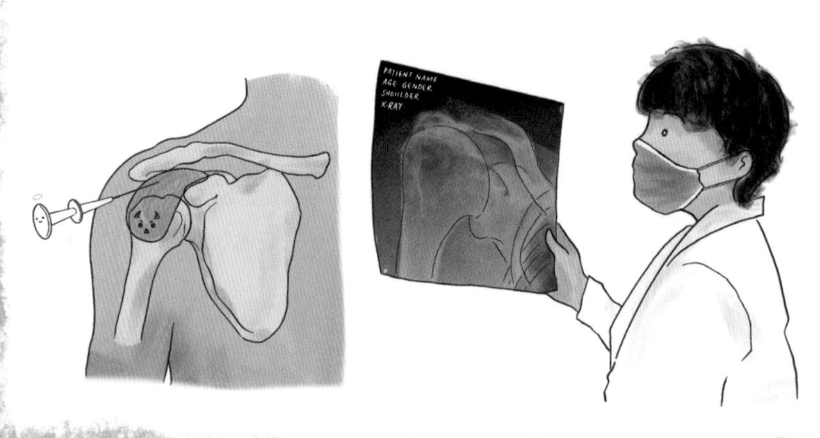

老的患者大多只需要保守治療，較為年輕而又活躍於運動的病人則可能需要手術醫治。保守治療跟肩關節夾擊綜合症相類似。手術治療並非只有一種，由創傷性小至大分別是內窺鏡修補、微創或開放式修補、肌腱轉移、和人工肩關節置換，後兩者主要用於不能修補的嚴重斷裂。

總括而言，上述三種「五十肩」有時候會共存——肩關節夾擊綜合症可以引起肩旋轉袖斷裂，而肩周炎又可能由另外兩種痛症引發。一般而言，醫生會根據病史、臨床檢查、輔以造影技術確定病因以及制定治療方案。話雖現今仍沒有靈丹妙藥可以收立竿見影之效，但及早接受合適的治療能助患者生活盡早回到正軌。還望諸位的問題能迎刃而解。

資料來源

- Yu, K.-san. Frozen Shoulder, Impingement of the Shoulder, Rotator Cuff Tears, Hong Kong College of Orthopaedic Surgeons Public Information Service. Available at: http://www.orthoinfo-hkcos.org/(Accessed: March 27, 2023).
- Dyer BP, Rathod-Mistry T, Burton C, van der Windt D, Bucknall M. Diabetes as a risk factor for the onset of frozen shoulder: a systematic review and meta-analysis. BMJ Open. 2023;13(1):e062377. Published 2023 Jan 4. doi:10.1136/bmjopen-2022-062377
- Neviaser TJ. Adhesive capsulitis. Orthop Clin North Am. 1987;18(3):439-443.
- Maund E, Craig D, Suekarran S, et al. Management of frozen shoulder: a systematic review and cost-effectiveness analysis. Health Technol Assess. 2012;16(11):1-264. doi:10.3310/hta16110
- Simons, S.M., Kruse, D. and Dixon, B. "Subacromial(shoulder)impingement syndrome," in UpToDate. Waltham, MA: UpToDate.
- Steuri R, Sattelmayer M, Elsig S, et al. Effectiveness of conservative interventions including exercise, manual therapy and medical management in adults with shoulder impingement: a systematic review and meta-analysis of RCTs. Br J Sports Med. 2017;51(18):1340-1347. doi:10.1136/bjsports-2016-096515
- Brindisino F, Salomon M, Giagio S, Pastore C, Innocenti T. Rotator cuff repair vs. nonoperative treatment: a systematic review with meta-analysis. J Shoulder Elbow Surg. 2021;30(11):2648-2659. doi:10.1016/j.jse.2021.04.040

（本篇繪圖：江卓穎醫生）

手、手腕及顯微外科

手好痺！
媽媽是否
有媽媽手？

我隻手成日都覺得好痺痺痛痛，呢啲係咪叫做媽媽手？

黎海晴醫生、麥柱基醫生

我隻手經常痺痺痛痛，係咩原因呢？

手腕及手部痺痛是骨科一個非常常見的問題，相信我們身邊總會有朋友或親戚有相關困擾。而成因有數多種，較常見的手部問題包括媽媽手、腕管綜合症等等。所以不限於媽媽或家庭主婦才會有以上困擾。

腕管綜合症（carpal tunnel syndrome）是導致手指痺痛無力的最常見原因之一，而大部份是由於手腕腕管內的正中神經線（median nerve）被長期勞損受壓或受損引起。症狀主要包括拇指、食指、中指及部份無名指麻痺刺痛，有時會於晚間睡覺時痺醒。再較嚴重的情況下拇指會感到無力，靈活度下降，甚至有拇指肌肉萎縮的情況。

初期腕管綜合症一般可以透過休息，以及物理、職業治療而得到改善。若症狀仍然持續而日常生活也受相當困擾，患者可考慮進一步檢查及治療，例如神經傳導測試（nerve conduction study）以及腕管鬆解手術（carpal tunnel release）。腕管鬆解術是一項可透過局部麻醉進行的常見小手術，可以以微創方式進行，用儀器通過小傷口切開腕管頂部的韌帶，以舒緩正中神經在腕管內的受壓。大多數患者可以在手術後即日回家休息。

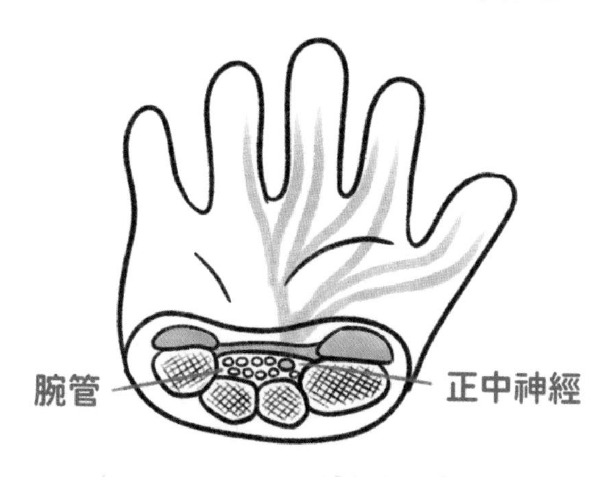

咁媽媽手又會唔會引起麻痺呢？

「媽媽手」，正式醫學名稱為狹窄性肌腱滑膜炎

（de Quervain's tenosynovitis），大部份是由於長期重複使用拇指及手腕而導致。症狀主要包括手腕靠拇指的部份疼痛腫脹，尤其屈曲拇指、扭動手腕、握拳時令到肌腱繃緊而令到疼痛加劇，甚至可以蔓延到前臂以及整隻拇指，但甚少會有麻痹。患者日常生活及工作會受影響，例如用手機打字、扭毛巾、拿購物袋也會感到疼楚。

大部份媽媽手可以透過休息、藥物、以及物理/職業治療而得到改善，絕少需要做手術。一般盡可能減少重複用手腕或拇指的動作，讓發炎部位得以休息。若發現手腕及拇指有腫脹，可以嘗試冰敷以及消炎止痛藥去減輕炎症。若腫痛持續，亦可考慮單次類固醇注射。但如果經過數個月的物理職業治療，或以上方法都未能夠有效改善痛楚，那手術可能是小部份患者的最後選擇。

當然，手腕及手部痹痛還有很多其他成因，例如頸椎問題、或糖尿病而引伸的併發症等等。如果大家有以上困擾，建議您諮詢醫生的建議和治療方法。

資料來源

- Padua L, Coraci D, Erra C, et al. Carpal tunnel syndrome: clinical features, diagnosis, and management. *Lancet Neurol.* 2016;15(12):1273-1284. doi:10.1016/S1474-4422(16)30231-9

- Ilyas AM, Ast M, Schaffer AA, Thoder J. De quervain tenosynovitis of the wrist published correction appears in J Am Acad Orthop Surg. 2008 Feb;16(2):35A. Ilyas, Asif corrected to Ilyas, Asif M. *J Am Acad Orthop Surg.* 2007;15(12):757-764. doi:10.5435/00124635-200712000-00009

海星斷咗角，
仲可以生返出嚟。

簷蛇斷咗尾巴，
一樣可以
生返出嚟。

手指切咗
一隻，
係咪都會
生返出嚟㗎？

我個BB天生多咗隻手指，切咗之後，大個會唔會生返出嚟？

麥柱基醫生

多拇畸形或橈側多指畸形是中國南方人中最常見的先天性手部疾病[1]，發病率高達每1,000名活產嬰兒便有1.4例[2]。雖然有一隻額外的手指，但它實際上並不是真正的複製拇指，因為通常兩隻拇指都沒有達到與對側正常拇指相同的大小或活動靈活性，而且通常它們看起來也很不一樣。因此，一些手外科醫生更喜歡用「大拇指分裂」一詞，表示將一隻手指的可用資源分成兩部份，而通常以不平等的方式分配。

吓？點解會無啦啦多咗隻手指嘅？

多指畸形是胚胎分化和形成失敗的結果。在子宮中，嬰兒的四肢從出生後4-8週的肢芽形成，其中一種稱為超音鼠（SHH）的信號蛋白在肢芽裏面指定的區域表達。SHH信號負責導致「手指」的形成，而沒有SHH信號影響下，拇指和其他橈側元素（例如橈骨）便會形成。當SHH信號在不應該的地方表達時，大拇指與手指的既有模式就會改變。在多拇畸形的常見形式中，SHH表達略有增加，使複製的拇指仍然像正常拇指一樣有兩根指骨，這是由於輕微的零星突變而不是遺傳性的。但是，當發生遺傳性的顯著突變時，手的橈側就會長出更長、更細的額外拇指。它有3塊骨頭，就像手指一樣，而綜合症的關聯性更高，例如「範可尼」貧血和唇裂。雖然多拇畸形可能會對功能產生不利影響，但通常父母的審美考慮是手術的主要原因。

多指畸形有多種模式，而分裂的「比例」可能會有所不同，從擁有兩隻大小相同的拇指到擁有一隻與主拇指沒有骨連接的較小的「懸浮」額外拇指。分裂的模式可由上而下及由左至右分析。無論分裂的比例如何，外側的拇指通常是兩者中「較弱」的那個。此外，分裂可能會沿着拇指的三塊骨頭和兩個關節出現在不同的水平。分裂發生的水平越接近底部，涉及的結構越多，因此受到不利影響。例如，如果分裂發生在拇指根部，則拇指底處的肌肉（大魚際肌肉）可能發育不全，食指和拇指之間的虎口位可能會收縮。兩隻拇指的方向也有多種模式，可以平行、指向對方，或背向對方。例如，所謂的「龍蝦爪」外觀是近端指骨分開但遠端指骨會聚的地方，導致兩隻拇指都呈「Z」形畸形。

B B 要做手術嗎？幾時做最理想？

當嬰兒開始使用拇指進行鉗夾式抓握並且全身麻醉的風險相對較低時（大約10個月大），可以進行手術。手術目的是形成單一隻盡可能擁有所有功能和美學成份的拇指。大致上有兩種手術，第一種是移除較小的拇指並將肌腱和韌帶轉移回較大的拇指。第二種是將兩隻拇指合二為一。選擇取決於兩隻拇指的對稱性、寬度、長度和分裂發生的水平。簡而言之，兩隻具有相同長度而對稱的拇指可以使用其中一隻拇指的左半部份和另一隻拇指的右半部份合二為一，而不對稱分裂或涉及分裂關節的拇指則需要移除較小的拇指並將部份結構轉移到較大的拇指。如有任何歪斜畸形的情況，可以同時通過軟組織或骨矯形同時作出修正。

所以，要回答被切除的拇指是否會重新長出來的問題，答案是不會，因為生長板被移除了。但是，在某些情況下，手術決定並不那麼簡單；例如當一隻拇指的指甲和指尖更美觀更大，而另一隻拇指的關節位置及方向更好。這時，手術可以把一隻拇指的頂部和另一隻拇指的底部組合，即較大拇指的遠端部份可以與較小但位置更好的拇指的近端部份組合。

手術後，孩子會在我們的診所接受隨訪，直到青春期骨骼成熟。隨訪期較長是因為畸形可能隨着生長而漸變明顯，當骨骼的一側生長速度快於另一側時，畸形可能會復發。嚴重的畸形可能需要在成熟期左右進行第二次手術以重新修正。

資料來源

1. Hung L, Cheng JC, Bundoc R, Leung P. Thumb duplication at the metacarpophalangeal joint. Management and a new classification. Clin Orthop Relat Res. 1996;(323):31-41. doi:10.1097/00003086-199602000-00005
2. Manske MC, Kennedy CD, Huang JI. Classifications in Brief: The Wassel Classification for Radial Polydactyly. Clin Orthop Relat Res. 2017;475(6):1740-1746. doi:10.1007/s11999-016-5068-9

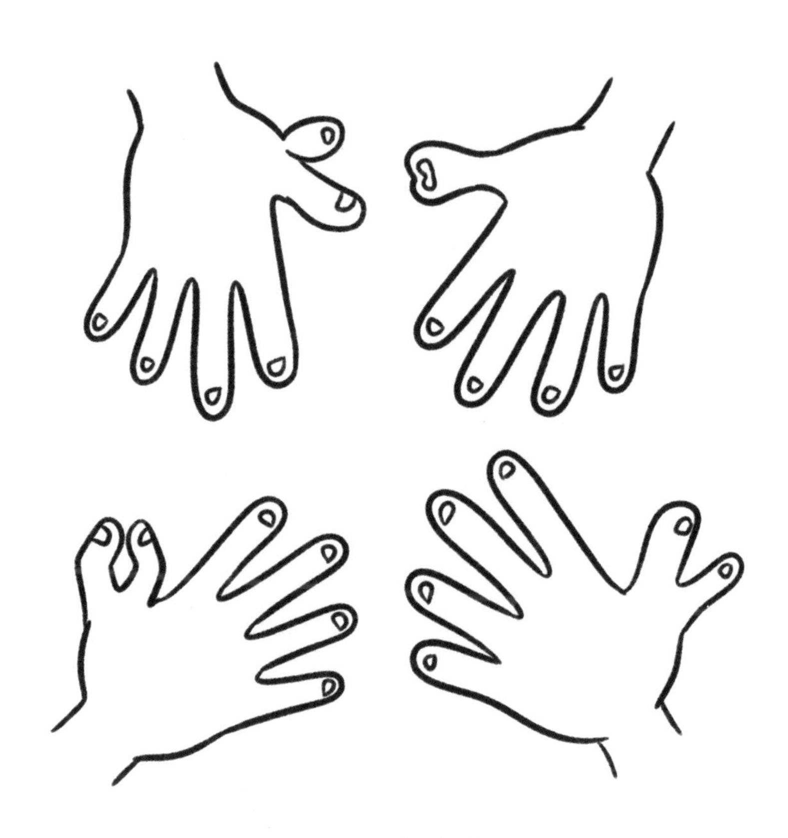

不同形式的多拇畸形

呀！斷咗隻手指呀！

點算好啊？
聽講話要用
保鮮紙包住！
電視劇集話
擺入冰入面喎。

時間無多啦，快啲去急症室，
放咗入冰桶先啦！

手指截斷咗，有冇得駁返？

李家琳醫生、麥柱基醫生

截斷的手指可以通過手術重新接駁，但術後的恢復漫長，有風險，手術成功率亦難以保證。斷指再植手術（replantation surgery）於各地文獻中彙報的成功率都不同，但平均為50-85%。因此，若你的骨科醫生認為有其他手術選擇可以讓你的手更快恢復更好的功能，或許未必建議重新接駁。

醫生在預測斷肢再植手術成功率時會考慮以下因素：

1. 受傷方式：銳利的齊面性刀傷比擠壓性或撕脫性傷有利；
2. 肢體缺乏血供時間的長短（又稱缺血期）；
3. 截肢的部位如何護理：潔淨和冷凍後的組織比骯髒及保存於室溫的組織有優勢；
4. 以及病人是否患上影響手部血液供應的病況：如糖尿病、腎功能衰竭等及吸煙的習慣。

手指截斷的位置和數量，病人的年紀、職業和日常生活所需也是骨科醫生在評估接駁的利弊時會考慮的因素。以學術角度來說，每根手指的角色都不同。拇指被認為是手中最重要的手指，因為它貢獻了超過40%的手部功能。因此，儘管接駁失敗，骨科醫生也會盡力嘗試用其他組織重建拇指。

術後的恢復有幾漫長？

在接駁手術過程中，骨科醫生會使用金屬釘、螺絲、或金屬板來固定骨折，以首先建立一個穩定的支架，然後再用針線縫合肌腱、動脈、神經線和靜脈。手指中的血管不到1毫米，需在顯微鏡下用針線進行修補。若直接修補動脈失敗，亦可以嘗試靜脈移植以代替受傷的動脈。手術有時需要進行大半天。

手術後，需服用血液稀釋劑，並在溫暖的房間焗「桑拿」進行數天的密切監測，以促進手指的血供。雖然在香港不流行，但一些國家亦會嘗試使用吸血水蛭來控製手指的血液循環以使其存活。在手指恢復功能和力量前，需進行幾個月的物理及職業治療。但儘管進行了充份的康復，手指也會存在某程度的麻木和僵硬。如果接駁手術失敗，手指在術後受感染或變得壞疽，則需再次進行手術修復接駁位，或重新截肢。

若斷指不宜再植，或無法尋回，傷口仍然可以通過皮瓣重建手術（skin flap reconstruction）或修復截肢手術（revision amputation）來覆蓋。雖然兩者都不能在美觀上代替原有的手指，但有時它們能提供更高的成功率和更早的恢復，並且在某些情況下甚至可能比接駁手術獲得更好的功能結果。一些病人甚至成功把腳趾轉移到手上以代替喪失的手指（toe-hand transfer）。

受傷後，我有幾多時間將斷咗嘅手指帶去急診室？應該點處理截肢？使唔使好似甩牙咁，浸入牛奶裏面？

傳統而言，斷指於室溫超過12小時仍未接駁則會因缺血太久而壞死。冷凍後可延長到24小時。手腕以上，肌肉

組織較多的位置，更應將溫暖缺血期保持於6小時內，否則再植手術成功率會較低。然而，近年來在文獻中亦有溫暖缺血期超越24小時的斷肢再植手術成功案例報告。估計與顯微外科技術和術後監測的進步有關。

如果你或身邊的朋友不幸把手指截斷，請用清水沖洗截肢，然後用潔淨的濕布包裹，再放入防水保鮮袋中，再把保鮮袋放進冰浴中，並盡快前往急症室。目標維持溫度在攝氏四度。避免將截肢直接接觸冰塊，以免細胞凍死。

資料來源

- Soucacos PN. Indications and selection for digital amputation and replantation. J Hand Surg Br. 2001;26(6):572-581. doi:10.1054/jhsb.2001.0595
- Harbour PW, Malphrus E, Zimmerman RM, Giladi AM. Delayed Digit Replantation: What is the Evidence?. J Hand Surg Am. 2021;46(10):908-916. doi:10.1016/j.jhsa.2021.07.007
- Cho HE, Kotsis SV, Chung KC. Outcomes Following Replantation/Revascularization in the Hand. Hand Clin. 2019;35(2):207-219. doi:10.1016/j.hcl.2018.12.008
- Pickrell BB, Daly MC, Freniere B, Higgins JP, Safa B, Eberlin KR. Leech Therapy Following Digital Replantation and Revascularization. J Hand Surg Am. 2020;45(7):638-643. doi:10.1016/j.jhsa.2020.03.026

足及腳踝

哎呀，拗柴！

冇事嘅，着咗護托
就可以繼續打波啦！

哎呀，又再拗柴！

點解我咁論盡成日都拗柴？

凌家健教授

其實乜嘢係拗柴？

你是否曾經扭傷過腳踝，或者認識有扭傷的人？你亦可能聽說過「拗柴」這個字眼。這是因為它是最常見的傷患之一。當腳踝被扭傷時，不僅外側的韌帶會受到拉扯而撕裂（特別是距骨前韌帶），而且關節內的軟骨、關節周圍的肌腱和肌肉也有可能會受損！

點樣拗柴先算係嚴重？

受傷後，你的腳踝很疼嗎？你可能是扭傷了！疼痛和腫脹是最常見的症狀，另外亦可能包括瘀傷或行走困難。所以如果你的腳踝有這些症狀，就應該去檢查一下。即使是輕微的扭傷也可能引致更大的問題，所以建議大家不要拖延求醫的時間。

除了急性「拗柴」外，有些病人會患上慢性踝關節不穩定（Chronic ankle instability, CAI），導致運動時產生不安全感的情況。CAI不僅僅包括復發性扭傷，它可以引致比較隱約的症狀，例如憂慮感。有些運動所需要做到的動作，例如跳躍或轉體，往往需要我們對腳踝關節的信心和相關的肌肉力量。所以慢性踝關節不穩定所帶來的不安全感，有可能會影響運動方面的表面。如果大家持續受到相關問題的影響，請聯繫你的醫生，以得到正確的診斷和治療。

拗柴之後其實可唔可以行路？

談到腳踝扭傷後的恢復，有時候並不只是休息幾天這麼簡單。對於那些走路時感到非常疼痛的人來説，這可能意味着扭傷後有骨折的狀況。這個時候，請諮詢骨科醫生，以便準確地診斷和治療傷患。就算到最後排除了骨折，扭傷的嚴重程度都會影響恢復的時間。患者需要根據指引採取適當的保護措拖，令傷患得以順利康復。

幾時先需要做手術？

透過物理治療，患者受傷後可以慢慢重拾活動的樂趣。60%的患者都有良好的癒合效果，並在適當的時期內恢復以前的活動能力，包括進行運動。但不幸的是，1/3的患者可能會有持續的腳踝不穩定問題。這可能會影響他們的日常生活質素。對於這類病人來説，手術可以是一個解決方案。通過修復受損的韌帶和恢復關節的穩定性，手術能夠幫助患者回復日常活動。而每個病人的手術都可以度身定做，以確保最佳的效果。

成日都拗柴好煩，可唔可以唔理佢㗎？

忽視一個不穩定的腳踝可能造成的不僅僅是短期的疼痛。它可能導致慢性問題，如行走困難和運動範圍減少。如果不正視問題，當病情惡化時，所需要進行的手術就包括關節置換或是融合手術。考慮到這一點，患有慢性不穩定症的病人應該盡快尋求治療，有助避免嚴重的併發症。

我髖關節退化，
做了人工全髖關節置換手術。

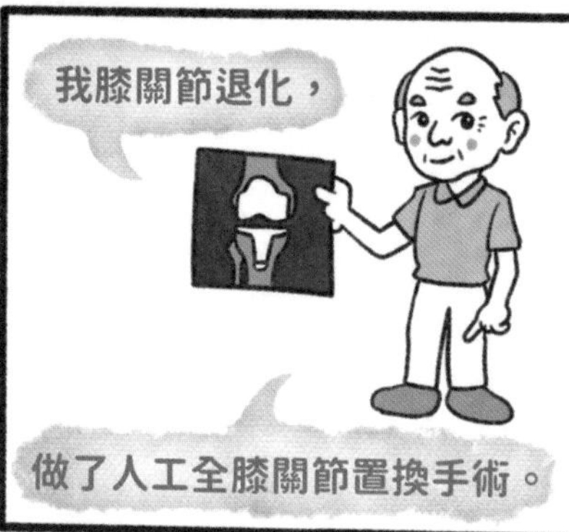
我膝關節退化，
做了人工全膝關節置換手術。

我踝關節退化……
吓！原來腳踝都有
人工全關節置換手術？

踝關節有冇得換骹？

凌家健教授

點先知道我有腳踝退化？

你是否遇到了影響你日常活動的踝關節疼痛？這可能是關節炎的跡象。雖然膝關節問題通常是由退化性過程引起的，但大多數踝關節炎症卻是源於創傷，如慢性不穩定「慣性拗柴」或骨折。有些病人會因為疼痛而飽受困擾，亦有病人疼痛比較輕微，但卻因為關節的僵緊而行動受影響。

腳踝退化有冇得醫㗎？

如果你患了踝關節炎，了解治療的選擇是很重要的。物理治療和使用拐杖等非侵入性療法可以幫助加強肌肉及減少對踝關節的壓力，而處方藥則可用於控制痛楚。然而，如果藥物不足以緩解症狀，患者需要考慮一些侵入性的干預措施，例如關節內注射或者手術。

對於那些患有晚期關節炎的人來說，當保守療法不能緩解疼痛和改善功能時，全踝關節置換術可以成為一個很好的解決方案。這種手術已經越來越受歡迎，因為它能有效地減少疼痛症狀，同時改善整體生活質量。

腳踝退化的預後？

雖然腳踝關節炎暫未能被逆轉，但醫學界正在積極研究可能的治療方法，望能為遭受慢性關節疼痛的人提供有效紓緩的治療。傳統的藥物只能掩蓋症狀，所以科學家們正努力尋找一個「治本」的方法，期望有一天可以研發出能夠「解決」關節炎的藥。

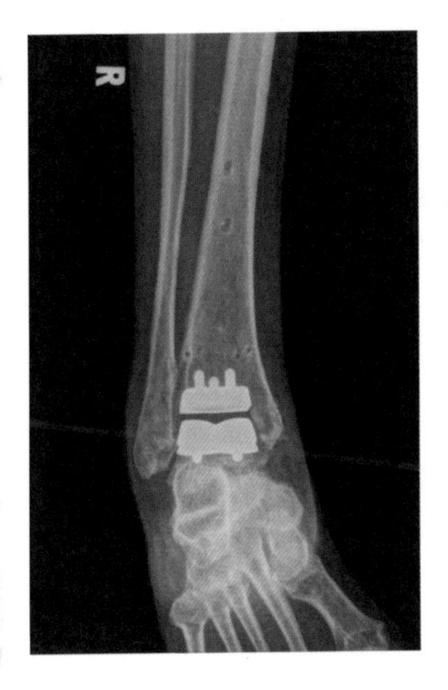
R

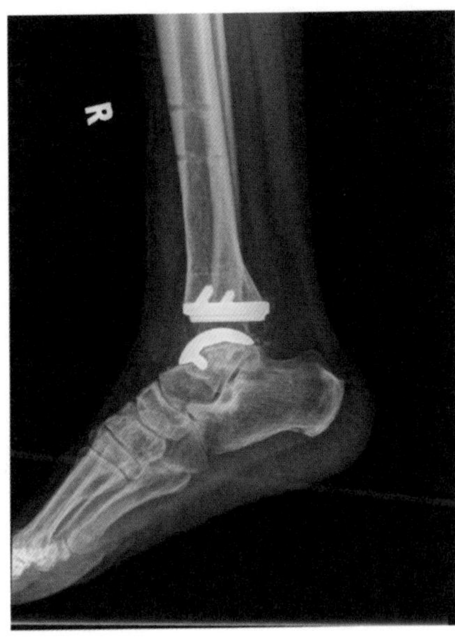
R

我腳上的傷口，好耐都未好。

你要戒煙同埋控制
好個血糖呀！

糖尿病內科病，
點會關隻腳事喎！

糖尿病唔係內科病咩？點解會影響足部？

周敏慧醫生

糖尿病是慢性代謝異常疾病，跟體內胰島素失衡有關，由於身體需要胰島素控制血液的葡萄糖水平以供應給細胞作為代謝的燃料，如果血糖水平過高或不穩定均會是身體各器官的運作引起廣泛影響。當中以心臟血管、腎臟、眼睛以及外圍神經系統的影響尤為嚴重。而對足部的影響主要受糖尿病引起的神經及血管病變與免疫系統功能異常有關。糖尿病患者中，約有15-25%有足部潰瘍問題，而其下肢截肢率比正常人高15倍，截肢後的五年死亡率更高達40-50%。

點解雙腳擦傷撞傷後都唔痛？

糖尿病造成的神經病變會大大減弱足部感覺的敏銳度，甚至使患者有麻木、燒灼或針刺的異樣感覺。隨着病情進展，最後可能完全喪失感覺，即使踩到尖銳物或擦傷亦感覺不到疼痛，有時甚至直到傷口發炎感染化膿才發現。除了感覺神經，運動及自主神經系統亦可能受糖尿病影響，令足部排汗功能不良，更易乾燥龜裂形成小傷口，增加感染風險。由運動神經異常而引致的小肌肉萎縮及肌腱失衡可增加足部變形、足壓分佈不平均等問題，令皮膚潰瘍風險更高。很多時候由於沒有痛症，患者往往容易忽略這些足部變化而延誤治療。

點解傷口一直無法癒合？係咪一定會惡化到需要截肢？

傷口癒合是一個非常協調及平衡的發炎反應，需要穩定的環境、足夠的養份及供血才能順利修復受損的組織。而高血糖環境，加上血管病變是糖尿病人傷口不癒的主要原因，如果沒有適時的傷口護理及控制病情，皮膚潰瘍可能會進一步惡化甚至感染，引起皮膚炎、膿腫、骨髓炎等併發症，大大增加截肢風險。文獻資料顯示，約有25-50%的糖尿足感染病人需要截肢以控制病情。

冇痛症可以唔治療嗎？治療方法有邊啲選擇？

痛感是身體感覺保護機制的重要部份，糖尿病神經病變通常由小纖維如溫感、自主神經及表皮痛感開始。這些感覺喪失已是足部病變的警號，患者應盡早保護及密切監察足部以防止潰瘍形成或惡化。

糖尿病足的治療方法主要包括血糖控制、潰瘍傷口護理及感染控制。所有糖尿病患者都應該定時作足部併發症風險評估，包括外圍神經功能及血流評估以分類足部病變風險。如有潰瘍應儘早求醫，使用抗生素及適當敷料作傷口護理並採樣組織作細菌培養以便對症下藥。如傷口出現壞死或感染，應以手術清創切除及引流膿腫，防止細菌滋生導致傷口惡化。另外於缺血性足部潰瘍，應儘早諮詢血管外科醫生考慮手術或藥物治療以改善血流，促進傷口復原。如有足部變形或清創後傷口面積太大令深層結構外露，則有需要進行足部矯正及皮膚重建手術。截肢手術主要在最佳化治療下仍然毫無進展，又或是足部感染嚴重至危及患者生命的最後手段。

我啱啱診斷患上糖尿病，點樣預防有糖尿足問題？

正所謂預防勝於治療，定時檢查及正確護理足部才可有效預防足部併發症及後續截肢風險。糖尿病足預防重點如下：

- 根據醫囑透過藥物、飲食以及運動去控制血糖水平；
- 每天檢查足部是否有潰瘍或發炎症狀，並保持足部衛生；
- 選擇透氣又合穿的鞋子或使用客製化配件如減壓鞋墊以減少足部受壓；
- 保持足部乾爽及保暖；
- 定時修剪腳甲防止過長，剪腳甲要打平橫剪，避免剪甲過深或剪傷皮膚；
- 如有輕微厚繭，可用磨皮銼輕輕磨去厚皮。如有需要可諮詢專業足病診療師提供適切護理；
- 戒煙——吸煙會大大增加血管疾病風險。

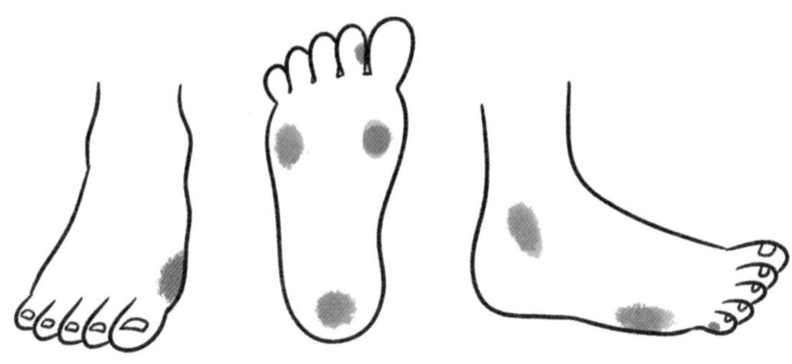

糖尿腳常見的傷口位置

資料來源

- 亞洲糖尿病基金會. https://www.diabetesrisk.hk/foot_care
- Aumiller WD, Dollahite HA. Pathogenesis and management of diabetic foot ulcers. JAAPA. 2015 May;28(5):28-34. doi: 10.1097/01.JAA.0000464276.44117.b1. PMID: 25853673.
- Noor S, Zubair M, Ahmad J. Diabetic foot ulcer--A review on pathophysiology, classification and microbial etiology. Diabetes Metab Syndr. 2015 Jul-Sep;9(3):192-9. doi: 10.1016/j.dsx.2015.04.007. Epub 2015 Apr 29. PMID: 25982677.
- Ricco JB, Thanh Phong L, Schneider F, Illuminati G, Belmonte R, Valagier A, Régnault De La Mothe G. The diabetic foot: a review. J Cardiovasc Surg(Torino). 2013 Dec;54(6):755-62. PMID: 24126512.
- Huang YY, Lin CW, Yang HM, Hung SY, Chen IW. Survival and associated risk factors in patients with diabetes and amputations caused by infectious foot gangrene. J Foot Ankle Res. 2018 Jan 4;11:1. doi: 10.1186/s13047-017-0243-0. PMID: 29312468; PMCID: PMC5755273.

嘩，你條裙好靚呀！

咦？點解着波鞋啊？

我唔敢着高踭鞋啦……

點解我隻腳會有拇趾外翻？著涼鞋唔好睇啊！

麥淑楹醫生

乜嘢係拇趾外翻？

拇趾外翻是一種常見的足部疾病，研究顯示有高達23%的成年人和35.7%的老年人都患這疾病，而且不論患者的生活方式如何都受影響。其特徵是：拇趾外翻是指大拇趾向外側偏移和旋轉，蹠骨向內，趾骨向外。第一蹠趾關節內側突起，俗稱「波子骨突出」，會和鞋產生摩擦導致骨膜炎，產生紅腫及疼痛。拇趾外翻變形，導致足底受力不平均，形成腳繭。[1,2]

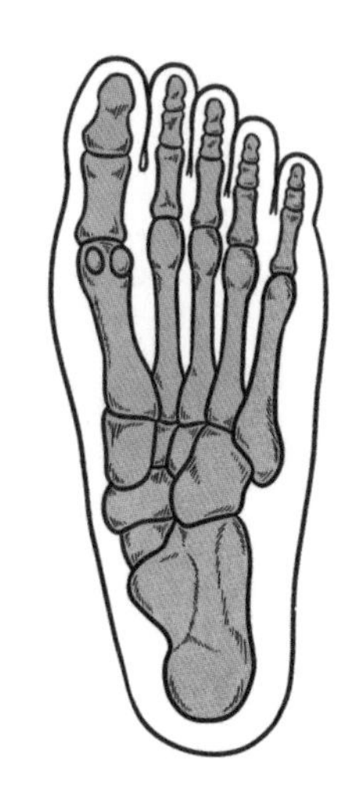
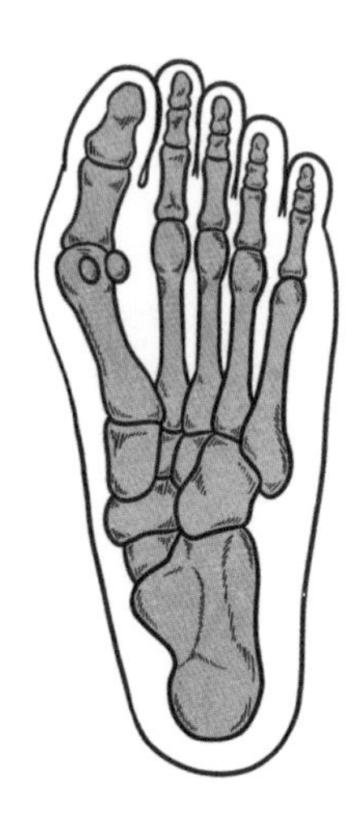
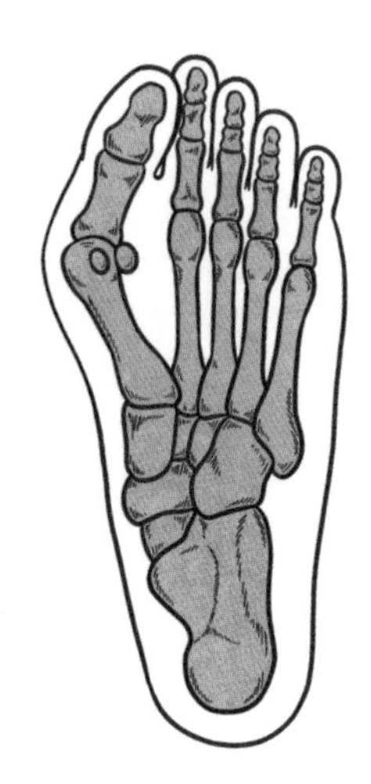

拇趾外翻的原因尚不確定，風險因素包括年齡增加、遺傳、足部生物力學異常如扁平足、穿緊身鞋等。而且女性患上拇趾外翻較男性高。其他較少見的成因包括神經系統毛病、風濕病和創傷。

拇指外翻高危群組

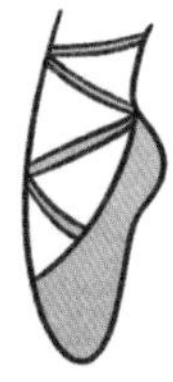

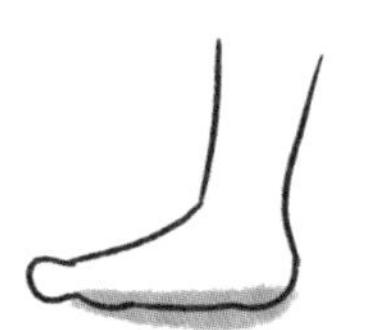

芭蕾舞者　泰拳手　常穿高踭鞋　扁平足患者

高危群組包括芭蕾舞者、泰拳手、女性。美國風濕病學院在今年發表現時最大的前瞻性研究，跟進了約1,500名患者，在7年的時間裏，發現在50歲以上的群組中，每5個就有1個發生拇趾外翻，並且和年齡、身體健康狀況、足部疼痛和曾穿過緊身鞋等因素有關。每3人中就有1人的拇趾外翻會惡化。[3-6]

拇趾外翻會唔會影響做運動㗎？

會！特別是在跑步和跳躍活動。因為這些運動會產生更大的力量施加在第一蹠趾關節上；施加於第一蹠趾關節的負重力可超過體重的400%，而正常行走時為體重的80%。因此健康的蹠趾關節對運動員的表現有好大關係。運動員拇趾外翻的症狀包括因鞋不合適導致疼痛、運動時喪失推進力、異常負重分佈的轉移損傷，令到運動表現下降。對他們的評估和治療方針跟平常人無異。首先會嘗試保守治療，包括優化鞋具、調整訓練、佩戴拇囊炎護墊、鞋墊和矯形器等。[7]美國足踝外科學會在2022年發表臨床共識聲明，就保守治療能否干預拇趾外翻的惡化未有共識。[8]

如保守治療無效，必須進行全面評估，分析患者的目標和運動量水平，然後建議他們提供適當的手術方法。美國足踝外科學會在2019年發表的評論文章綜合醫學文獻，指出第一蹠骨截骨矯形手術可獲得最佳效果。該文章亦就着拇趾外翻的嚴重程度而建議相應的手術方法。[9]

我都已經70歲啦，拇趾外翻矯形手術對我有冇用？

如病情嚴重，非手術方法亦無效，可透過手術改善功能和症狀。現今醫學文獻記載有超過100種手術方法，各有好壞，各有它的適應症，未能證實哪一種手術最好。手術大多根據基本原則——矯正變形而重整腳趾平衡，令足部達致正常生物力學，從而減輕症狀。美國足踝外科學會在2021年發表研究顯示，年齡不影響拇趾外翻手術後的手術、功能或主觀結果。然而，老年患者手術矯正後復發的風險較高。[10]美國足踝外科學會亦在2022年發表研究顯示，70歲以上群組的臨床評分在腳趾公外翻手術兩年後獲得顯著進步，而且該群組跟70歲以下術後滿意率相若。老年患者可以從拇趾外翻手術中受益。[11]老年患者如行動需求低，而症狀主要是波子骨的滑膜發炎疼痛，可考慮只做拇囊炎切除術以降低復康負重要求，加速復康。

微創手術係唔係好喲？

不一定，視乎病情，要用得其所。微創手術能減少傷口的痛楚，但並不是所有拇趾外翻變形都能使用，否則復發風險高。

做完手術幾時先返得工？

通常4個星期至3個月不等，視乎手術方法、術後復康計劃、患者的工作需要及交通便利程度。

手術有咩風險？

主要風險有：[12]

- 復發變形4.9%
- 轉移蹠骨痛6.3%-17.4%
- 持續疼痛4.6%,
- 融合位不癒合3.7%

其他風險包括：

- 傷口細菌感染，疤痕
- 神經、血管、肌肉，或筋腱的損傷引致肢體癱瘓、麻痹或喪失肢體（非常罕有）
- 延遲癒合，畸形癒合
- 骨折、僵硬，或腫痛
- 內置金屬或內置物鬆脱、脱位、折斷，或不適，鄰近關節疼痛，復修手術
- 如出現併發症，可能需要進行其他手術或治療
- 持續的病徵、痛楚、關節僵硬，肌肉無力
- 複雜性局部疼痛症候群、跛行及使用助行器
- 鄰近關節退化性關節炎

資料來源

1. Shi GG, Whalen JL, Turner NS 3rd, Kitaoka HB. Operative Approach to Adult Hallux Valgus Deformity: Principles and Techniques. *J Am Acad Orthop Surg.* 2020;28(10):410-418. doi:10.5435/JAAOS-D-19-00324

2. Nix S, Smith M, Vicenzino B. Prevalence of hallux valgus in the general population: a systematic review and meta-analysis. *J Foot Ankle Res.* 2010;3:21. Published 2010 Sep 27. doi:10.1186/1757-1146-3-21

3. Menz HB, Marshall M, Thomas MJ, Rathod-Mistry T, Peat GM, Roddy E. Incidence and Progression of Hallux Valgus: A Prospective Cohort Study. *Arthritis Care Res* (Hoboken). 2023;75(1):166-173. doi:10.1002/acr.24754

4. Deschamps K, Birch I, Desloovere K, Matricali GA. The impact of hallux

valgus on foot kinematics: a cross-sectional, comparative study. *Gait Posture.* 2010;32(1):102-106. doi:10.1016/j.gaitpost.2010.03.017

5. Yavuz M, Hetherington VJ, Botek G, Hirschman GB, Bardsley L, Davis BL. Forefoot plantar shear stress distribution in hallux valgus patients. *Gait Posture.* 2009;30(2):257-259. doi:10.1016/j.gaitpost.2009.05.002

6. Matzaroglou C, Bougas P, Panagiotopoulos E, Saridis A, Karanikolas M, Kouzoudis D. Ninety-degree chevron osteotomy for correction of hallux valgus deformity: clinical data and finite element analysis. Open Orthop J. 2010;4:152-156. Published 2010 Apr 22. doi:10.2174/1874325001004010152

7. Saxena A. Return to athletic activity after foot and ankle surgery: a preliminary report on select procedures. *J Foot Ankle Surg.* 2000;39(2):114-119. doi:10.1016/s1067-2516(00)80035-6

8. Fournier M, Saxena A, Maffulli N. Hallux Valgus Surgery in the Athlete: Current Evidence. *J Foot Ankle Surg.* 2019;58(4):641-643. doi:10.1053/j.jfas.2018.04.003

9. Goh GS, Tay AYW, Thever Y, Koo K. Effect of Age on Clinical and Radiological Outcomes of Hallux Valgus Surgery. *Foot Ankle Int.* 2021;42(6):798-804. doi:10.1177/1071100720982975

10. S/O K S RZE, Lee M, Chen J, Meng NYE. Do Patients Aged 70 Years and Older Benefit From Hallux Valgus Surgery?. *J Foot Ankle Surg.* 2022;61(2):310-313. doi:10.1053/j.jfas.2021.08.009

11. Barg A, Harmer JR, Presson AP, Zhang C, Lackey M, Saltzman CL. Unfavorable Outcomes Following Surgical Treatment of Hallux Valgus Deformity: A Systematic Literature Review. *J Bone Joint Surg* Am. 2018;100(18):1563-1573. doi:10.2106/JBJS.17.00975

12. Meyr AJ, Doyle MD, King CM, et al. The American College of Foot and Ankle Surgeons® Clinical Consensus Statement: Hallux Valgus. *J Foot Ankle Surg.* 2022;61(2):369-383. doi:10.1053/j.jfas.2021.08.011

小兒骨科

媽媽，我想要呢對鞋!

你女女有扁平足啊！

我建議你着
呢款特別鞋！

鞋店職員話我個仔有扁平足！係咪好嚴重嘅問題？

李揚立之醫生

其實扁平足意思是指足弓部份塌陷，尤其是在內側縱弓（Longitudinal arch）。足弓的高度和人的身高一樣，有高有矮，只要維持在正常範圍以內，並不算是病態。

扁平足可以根治嗎？

扁平足普遍分為軟性（Flexible Flatfeet）和硬性（Rigid Flatfeet）兩種。軟性扁平足多數都是良性的。意味着對身體沒有不良的影響。通常只是步行長距離後，腳腕位置或腳底內側會開始疼痛。症狀未必嚴重，而且多數不需要治療。相反地，硬性扁平足多數是骨骼結構問題導致。大多數是先天性病變。常見的有跗骨併合（Tarsal Coalition）。另外後天的原因有骨折、腫瘤、或感染性關節炎。

如果唔做手術，仲可以做咩去改善？

很多簡單的伸展運動都可以針對改善扁平足導致的症狀。定時做可以保持足部健康。

1. 阿基里斯筋伸展運動

面向着牆壁，雙手放上牆上，雙腳前後企。後膝伸直，前膝屈曲，慢慢把身體向前傾，同時把後腳的腳後筋壓着，直至感到拉扯，保持15-30秒，然後前後腳交換。整個過程重複若干次。

另一個做法是坐在地上，雙腿伸直，用一條長毛巾圈過腳板，雙手拉着毛巾，同時間伸展雙腳後筋。

2. 腳部大肌肉運動

雙腳站在平地上，雙手扶着椅背或桌邊作扶持。腳踭慢慢離開地面用腳尖站起。保持15-30秒，腳踭慢慢放平回到地面。整個過程重複若干次。

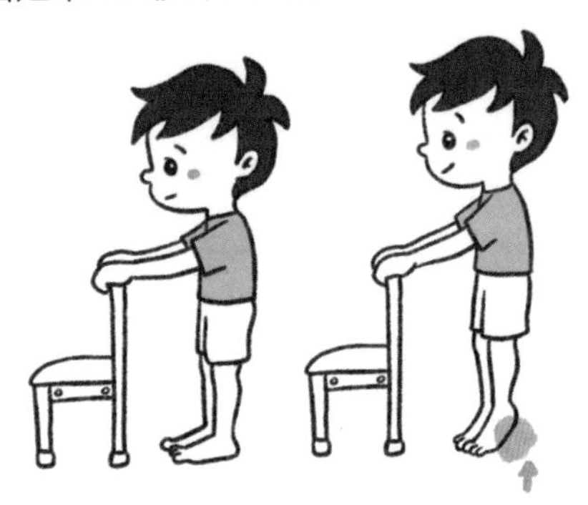

3. 腳部小肌肉運動

坐在椅子上，把一塊毛巾放在面前地上。嘗試用腳趾抓起毛巾，兩隻腳交替做若干次。

4. 足底筋膜放鬆運動

坐在椅子上，把一個哥爾夫球大小的球體放在面前地上，用一隻腳在足弓位置踩着球，用少少力把球壓着，兩隻腳交替做若干次。

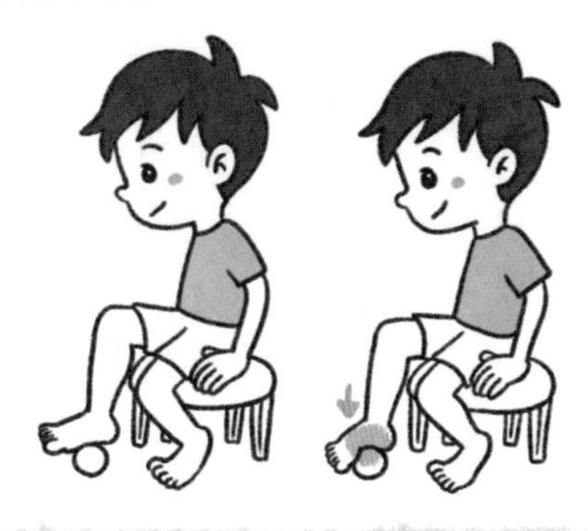

小朋友有扁平足需要買特別嘅鞋嗎？

扁平足一般都不需要訂造特別的鞋。有症狀的話，可以在小朋友用開的鞋裏加入鞋墊。鞋墊可以在足弓位置提供承托而改善腳痛的症狀，還可以減少鞋底因為不平均受力導致的磨蝕。所以，小朋友的鞋子也能因此延長壽命。大家要留意的是，鞋墊不能把腳的結構改變。所以鞋墊一除下來後，足弓還是會變平。

在極少有的情況下，小朋友會需要做扁平足手術。通常都是結構上有問題，或先天性問題，導致硬性扁平足，或者嘗試過保守治療一段時間仍然有嚴重的痛楚。扁平足手術一般會調整跟腱或骨的結構，從而改善足弓的高度。

所以，有扁平足並不需要太擔心。曾經還有學術研究證明有扁平足和沒有扁平足的小朋友，只要得到正確的訓練，運動能力並沒有分別。

其實，有很多職業運動員都有扁平足的！例如：牙買加的短跑手尤塞恩．保特、傳奇籃球員高比．拜仁、葡萄牙足球員路爾斯．費高等等。

資料來源

- Flexible flatfoot in children - orthoinfo - aaos. OrthoInfo. Accessed March 29, 2023. https://orthoinfo.aaos.org/en/diseases--conditions/flexible-flatfoot-in-children.
- Atik A, Ozyurek S. Flexible flatfoot. North Clin Istanb. 2014;1(1):57-64. Published 2014 Aug 3. doi:10.14744/nci.2014.29292
- PES Planus - StatPearls - NCBI Bookshelf. Accessed May 28, 2023. https://www.ncbi.nlm.nih.gov/books/NBK430802/.
- Cronkleton E. Flat feet exercises: Treating flat or fallen arches. Healthline. April 19, 2023. Accessed March 25, 2023. https://www.healthline.com/health/flat-feet-exercises.

仔仔高低膊，
係咪因爲長短腳？

仔仔行路拐下拐下，
係咪因爲長短腳？

仔仔成日跌親，
係咪因爲長短腳？
媽咪，乜都關長短腳事咩？

我仔仔好易跌親，佢係咪有長短腳？

李揚立之醫生

長短腳（Leg Length Discrepancy，下稱LLD）為一種外在的表徵，在兒童及成年人身上都很常見，顧名思義是指雙腳的長度之間有視覺上的偏差。要了解長短腳的成因先要明白這個情況普遍分為兩大類：結構性長短腳（Structural LLD）和功能性長短腳（Functional LLD）。

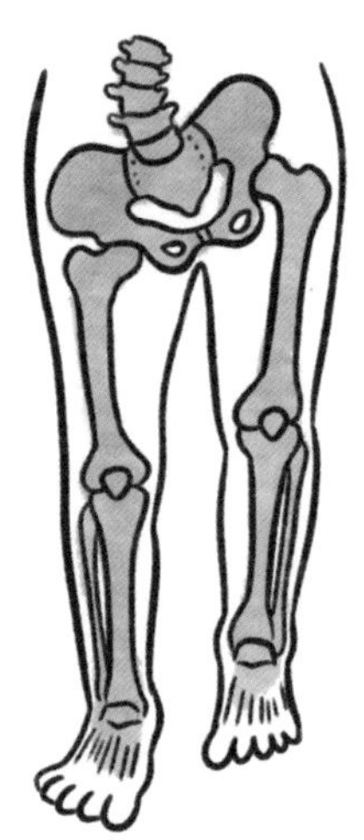

功能性長短腳

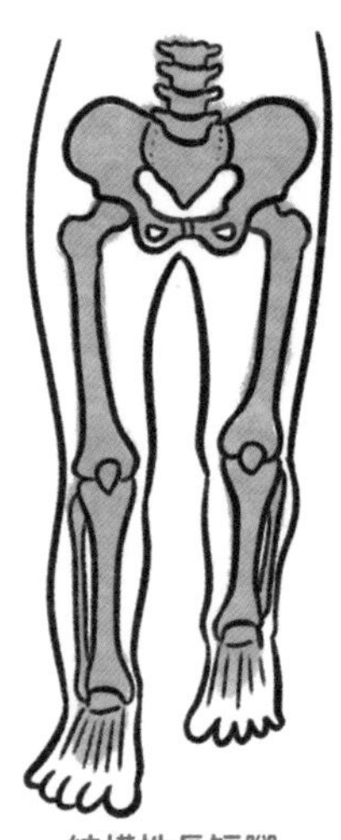

結構性長短腳

結構性長短腳意思是左右腳骨長短真的有不同，可以是由於先天性發育異常，或後天的骨折、感染、腫瘤等等，導致兩腳長度不一。如果後天因素發生在未成年患者或影響到成長軟骨，還有可能造成兩邊發育有誤差，令長短腳逐漸惡化。相反地，功能性長短腳之雙腳長度是一樣，但是因為其他原因，例如姿勢不良、盆骨傾斜、髖關節或膝關節攣縮、腳板畸形等等，造成視覺上長短腳的狀況或兩隻腳不對稱。

有臨床文獻指出，一般大眾結構性長短腳患病率高達90%，只是當中有近80%的偏差不大於1cm而沒有明顯症狀。一般而言，以一個成年人腳長度來説，這個誤差根本微不足道，所以根本不會意識到自己有長短腳，而不會有任何後遺症。

長短腳會有乜嘢症狀？

長短腳差異太大的話，小朋友有機會步姿歪斜、肢體動作不協調，甚至引起功能性脊柱側彎，因為脊椎要嘗試去彌補雙腿的高低。如果長短腳嚴重又得不到合適治療，由於下肢的受力不均勻，有機會導致有髖關節、膝關節或背部疼痛。

小朋友長短腳會唔會越大越嚴重？

視乎長短腳的類型、成因和小朋友的發病年紀。如果是先天結構性長短腳，大多會年紀越大差距越大。現今有很多方法可以計算發育完成時兩腳長度的差距，或預算於甚麼年紀適合進行手術。

長短腳有無得醫？

簡單地說，當見到家中因四隻腳長度不平均而搖晃的桌子，我們多數都會在桌腳下輔以墊片加以穩定。治療結構性長短腳道理都一樣，因為兩隻腳長度不一，治療方法就是以矯形工具（例如加高鞋墊）嘗試把雙腳長度差距拉近。小朋友亦需要定期覆診，按情況調整鞋墊的高度。通常差距2cm以下可以使用鞋墊由內部墊高，2cm以上就需要將鞋子由外部墊高。如果需要以手術去矯正的話，其中一個方法是把短腳延長：首先在手術室把腿骨折斷，再以外置枝架或是骨髓內延長釘，患者需在術後每天用儀器把骨頭延長。這種治療需時數以月計，已有機會出現各種併發症。另一個方法是減短長腳的最終長度，醫生可計算合適的時間，在發育差不多完成時把「長腳」的成長軟骨拆毀，減慢長腳的生長速度，好讓還在發育的「短腳」用時間去追上應有的長度。小朋友最終高度便取決於短腳而不是長腳的長度。這個方法的好處是簡單而可以微創進行，但是手術時間需醫生精準地計算出來，否則有機會發生短腳追不上或是超越了長腳的長度。

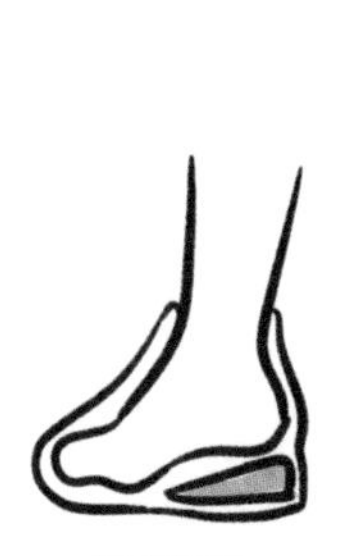
增高鞋墊

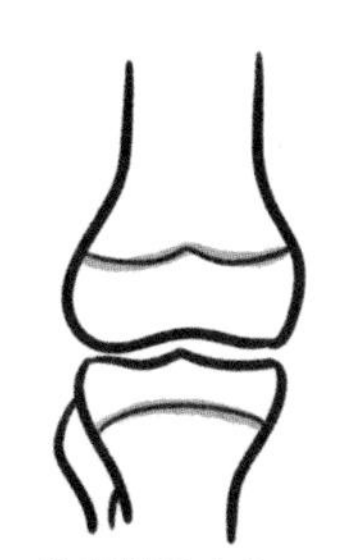
生長板融合術

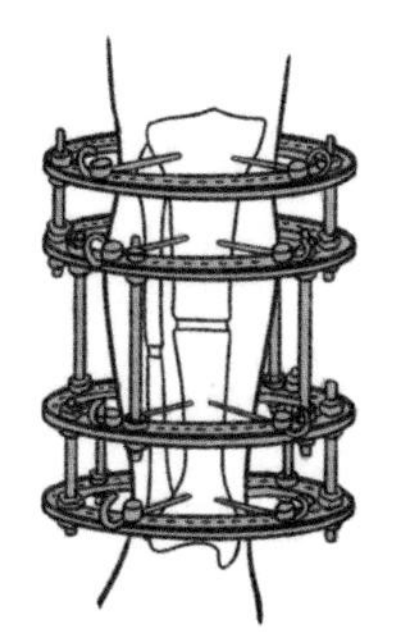
外置延長支架

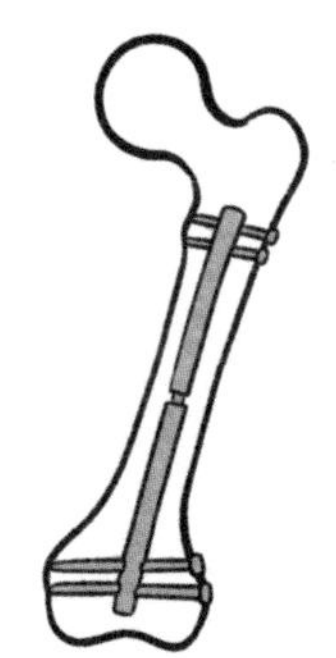
骨髓內延長釘

功能性的長短腳的治療卻不同，因為兩隻腳的長度是一致的，如果勉強利用鞋墊去矯正，反而會讓歪斜情形更嚴重。因此治療就要針對長短腳的成因，矯正下肢髖部、膝蓋及足踝的姿勢。例如透如物理治療幫助下肢緊繃的肌肉放鬆，改善關節攣縮，強化骨盆周邊的肌群。

資料來源

- Alfuth M, Fichter P, Knicker A. Leg length discrepancy: A systematic review on the validity and reliability of clinical assessments and imaging diagnostics used in clinical practice. PLoS One. 2021;16(12):e0261457. Published 2021 Dec 20. doi:10.1371/journal.pone.0261457

- Gordon JE, Davis LE. Leg Length Discrepancy: The Natural History (And What Do We Really Know). *J Pediatr Orthop.* 2019;39(Issue 6, Supplement 1 Suppl 1):S10-S13. doi:10.1097/BPO.0000000000001396

- Applebaum A, Nessim A, Cho W. Overview and Spinal Implications of Leg Length Discrepancy: Narrative Review. *Clin Orthop Surg.* 2021;13(2):127-134. doi:10.4055/cios20224

- Vogt B, Gosheger G, Wirth T, Horn J, Rödl R. Leg Length Discrepancy-Treatment Indications and Strategies. *Dtsch Arztebl Int.* 2020;117(24):405-411. doi:10.3238/arztebl.2020.0405

- Queirós AF, Costa FG. Leg length discrepancy: a brief review. *Faculty of Medicine, University of Porto, Porto, Portugal.* Published online March 2018. https://repositorio-aberto.up.pt/bitstream/10216/114362/2/278728.pdf. Accessed March 23, 2023.

唔好挨住梳化坐！

做功課時坐直啲！

吓？脊柱側彎？
係咪因爲佢姿勢唔好？

脊柱側彎係咪因為坐姿唔好又翹腳？

婁耀冲醫生

脊柱側彎的成因不是因為坐姿不好又翹腳，因為原來大部份小朋友以及青少年的脊柱側彎都是原發性，並沒有證據與不良姿勢、翹腳，和背負沉重書包有關係。

脊柱側彎分為功能性和結構性。功能性脊柱側彎可以是因為天生長短腳，痛症的原因令到脊椎看似彎曲，但脊骨是垂直的。

結構性脊柱側彎是指脊骨偏離原本垂直的位置，向左或向右彎曲變形。我們的身體、肩膊及腰部不再對稱，盆骨傾斜，肋骨和肩胛骨不對稱突出，特別在向前彎腰的時候更為明顯。結構性脊柱側彎再分為先天性，原發性、神經肌源性，和老年的退化性。我們最常見的是青少年原發性脊柱側彎。

香港約有2-3%青少年患上不同程度的原發性脊柱側彎，通常在10-15歲時被發現。他們的病情有機會在骨骼成長時惡化。由於身體通常會被衣服遮蓋，而且患者一般沒有症狀，所以早期脊柱側彎比較難以察覺。沒有妥善的診治，嚴重的脊柱側彎可能會影響外觀，呼吸及心肺功能。因此衛生署學生健康服務有定期的脊骨檢查，有助及早發現並轉介有需要的學生到骨科專科接受診治。

點解會無啦啦有原發性脊柱側彎嘅？

現今醫學界仍未完全確定原發性脊柱側彎的成因，女性患上較嚴重脊柱側彎的風險會高於男性多達8倍。我們的日常生活習慣，例如運動、飲食、避免養成不良姿勢或提重物等，現時並沒有證據可以預防脊柱側彎。

如果發現了有脊柱側彎，怎麼辦？

在門診裏，醫生會詳細檢查，輕微的原發性脊柱側彎是不需要治療的，只需定期觀察和複診，直至骨骼發展成熟。但如果情況較為嚴重，醫生可能會建議佩戴矯形腰架或手術等不同的診治方案。

矯形腰架

還在長高的小朋友而且側彎角度比較嚴重的話，醫生會建議佩戴矯形腰架，直至骨骼成熟。腰架的作用是提供支撐和穩定脊柱，防止脊柱側彎惡化。矯形腰架可以在普通衣服下佩戴，不太影響日常生活，研究發現矯形腰架是需要長時間佩戴，才能達到最佳的治療效果。在這批患者當中，大部份可以避免側彎惡化至需要手術的嚴重程度，但是仍有一部份的病人需要考慮手術的治療方案。

脊柱側彎手術

嚴重的脊柱側彎，即使接受了矯形腰架治療，仍須考慮手術的治療方案，避免側彎持續惡化。醫生會根據患者的實際情況選擇最適合的手術方案，一般來説，我們會在青少年進行脊骨融合手術。在電腦掃描導航定位下，放入金屬螺絲、矯正和進行脊骨融合。

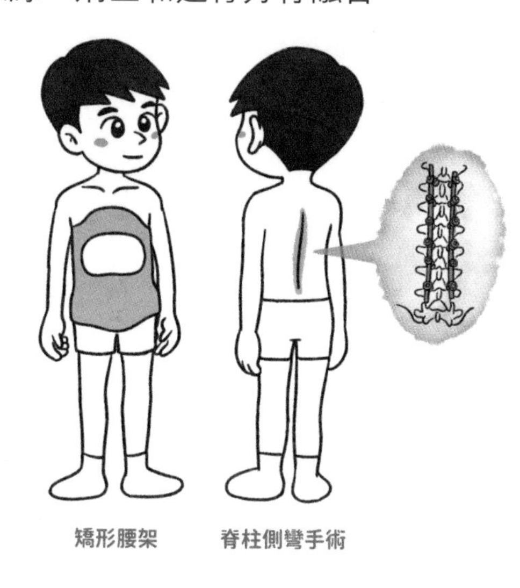

脊柱側彎會唔會影響孩子嘅未來？

如果能及時診斷，從而妥善處理脊柱側彎，很多脊柱側彎的孩子都能擁有一個正常和健康的人生，並不會影響他們的未來。

資料來源

1. SL Weinstein, LA Dolan, JCY Cheng et al. Adolescent idiopathic scoliosis. Lancet(2008); 371: 1527-37

2. MT Hresko. Idiopathic Scoliosis in Adolescents. The New England Journal of Medicine(2013);368:834-41

3. JCY Cheng, RM Castelein, WC Chu, AJ Danielsson et al. Adolescent idiopathic Scoliosis. Nature Review Disease Primers(2015); 1,15063

4. ED Sheha, ME Steinhaus, HJ Kim et al. Leg-Length Discrepancy, Functional Scoliosis, and Low Back Pain. JBJS Rev.(2018)Aug;6(8):e6

5. SL Weinstein, LA Dolan, JG Wright et al. Effects of bracing in adolescents with idiopathic scoliosis. New England Journal of Medicine(2013)369;16

6. DE Katz, JA Herring, RH Browne et al. Brace wear control of curve progression in adolescent idiopathic scoliosis. J Bone Joint Surg Am(2010)Jun;92(6):1343-52

骨關節肌肉腫瘤

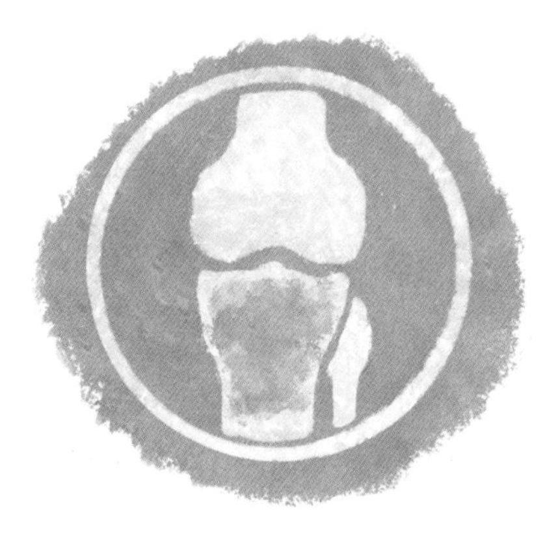

你有粒2cm腫塊，
不如去睇醫生啦。
唔使啦～

粒腫塊變3cm啦，
不如去睇醫生啦。
唔使啦～

已經變咗6cm 啦！
冇得唔睇醫生啦！

如果我發現自己大腿有一個腫塊，應該點算？

劉曉和醫生

軟組織腫塊對許多人來説並不陌生。倘若腫塊迅速增大，大小在5cm以上（約一個哥爾夫球的尺寸）或是手術切除後再度復發，便需要求醫作徹底檢查。

醫生會先問病歷和做檢查，例如詢問病人最近有否受到創傷，腫塊周邊位置是否有紅腫及痛楚，以排除軟組織腫瘤以外的可能性。事實上，病人早期普遍是沒有痛楚的。

檢查後，醫生會採用X光、超聲波、磁力共振及抽取組織等方式去檢查腫塊的屬性以決定治療方案。

軟組織腫塊可以在身體內任何部位出現，如皮膚、皮下脂肪、筋腱、肌肉、血管及神經線等。它可以出現在任何年齡的人士身上。

如果腫瘤屬於良性，病人可以選擇觀察或採用手術切除。

如果腫瘤屬於惡性，醫生便需把腫瘤徹底切除。部份病例可以在術前或術後採用放射治療來減低癌症復發的機會。而化療對大部份軟組織腫瘤效果則不太理想，因此會較少使用。術後病人需定期覆診，以便觀察治療進度。

你如察覺身體出現腫塊並持續增大，即使沒有症狀，不痛不癢，亦應及早求醫檢查，以排除惡性軟組織腫瘤，以免延誤治療。

資料來源

- Soft tissue masses: evaluation and treatment, American Academy of Family Physicians, 2022.

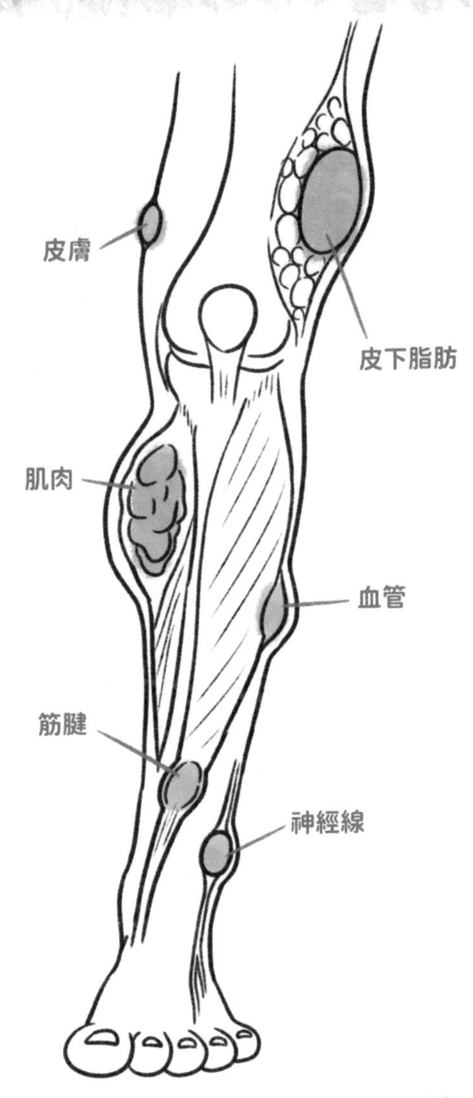

身體不同部位的軟組織都有機會出現腫塊

我有大腸癌，
切走部份大腸後
我好返啦！

我有肝癌，
切走部份肝臟後
我好返啦！

我有骨癌，
但係，可以唔切
走我的腳嗎？

骨癌係咪一定要截肢？

李汶龍醫生

不。在治療骨癌時，有時需要採取手術來切除腫瘤，但並不一定需要截肢。

首先，骨癌是一種在骨骼的某個部位形成腫瘤的癌症，主要分為原發性和繼發性。在原發性的類別，癌細胞是來自於骨。在繼發性的類別，癌細胞是來自於其他器官，繼而轉移到骨。兩者的治療方針也有所不同。

在原發性的個案，在骨癌沒有擴散的情況下，治療目標是以根治為目的。一般來說，醫療團隊會考慮將腫瘤切除，然後進行重建手術。而影響腫瘤是否能適當切除的因素，包括腫瘤大小、影響範圍、附近組織如血管神經、有否入關節等。若果有一些不利因素，亦會有一些術前的輔助治療如化療等，有望將腫瘤變為一個適合完全切除的類別。

在繼發性（又稱骨轉移）的個案，治療目標則是以舒緩治療為首，目的主要是痛症控制、減少未來骨折所帶來的影響、維持生活質素等。而在這些個案中，手術也不是必要的。視乎癌症的原發點，電療或化療亦可帶來相當不俗的效果。當然，若病人的身體許可，在骨癌擴散的位置可以用鋼板、髓內釘等鞏固骨頭，用以加強該處的穩定性。有關詳情可參閱後文。

然而，在某些情況下，保留肢體未必是可行的。例如原發性的腫瘤不能夠成功完整切除，又或是切除後大範圍影響附近組織，或者腫瘤發生併發症如感染等，這都是要考慮截肢的因素。

隨着時間，醫學技術和藥物也有着顯著的進步。現今需要截肢的案例也比以往大幅減少。所以不幸患上骨癌時，也不需要擔心一定要截肢，可以跟你的醫療團隊商討最佳的治療方案。

資料來源

- Niederhuber JE, et al., eds. Sarcomas of bone. In: Abeloff's Clinical Oncology. 6th ed. Elsevier; 2020.
- Orkin SH, et al., eds. Osteosarcoma. In: Nathan and Oski's Hematology and Oncology of Infancy and Childhood. 8th ed. Saunders Elsevier; 2015.
- Bone cancer. National Comprehensive Cancer Network. https://www.nccn.org/professionals/physician_gls/default.aspx.

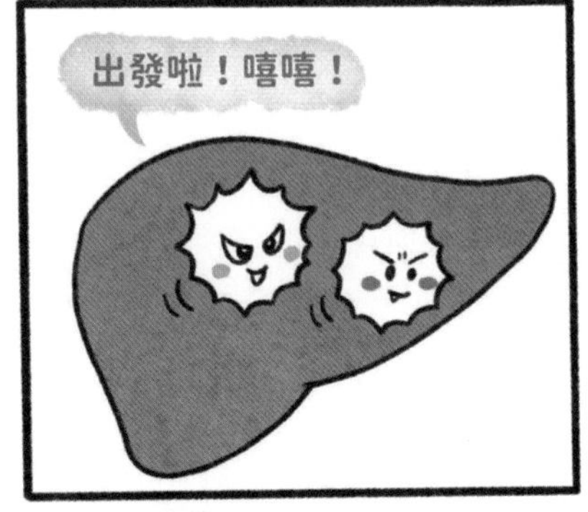
出發啦！嘻嘻！

哎呀！做乜
突然間咁痛？

#乜嘢係骨轉移？
有咩症狀？點樣治療？
點樣決定用手術定保守治療？

趙竑機醫生

骨轉移是一種常見的癌症併發症，特別是在乳腺癌、前列腺癌、肺癌和甲狀腺癌等癌症中。當癌細胞進入骨骼並生長時，它們會破壞骨骼結構，使骨骼變得脆弱，容易斷裂和骨折，並且會對身體的運動能力和生活質量造成嚴重影響。

骨轉移的症狀通常包括骨痛、骨折、骨質疏鬆、麻木和腫脹等。骨痛通常會在夜間或活動時惡化，並且難以通過止痛藥來緩解。骨折可能會在輕微的壓力下發生，例如運動或換衣服時，並且可能需要手術來修復。骨質疏鬆可能會導致骨骼變得容易斷裂，而腫脹可能會影響周圍組織和器官的功能。

治療骨轉移的方法包括化療、放療、抗骨吸收藥物和手術。抗骨吸收藥物可以減緩癌細胞對骨骼的破壞，而化療和放療可以減少癌細胞的生長和擴散。手術主要用於治療骨折或骨髓壓迫等症狀，例如骨釘或骨水泥等經常被用來穩定骨折。此外，亦可進行骨骼重建手術，以促進患者的康復。

決定使用手術或保守治療主要取決於患者的病情和症狀，以及癌症的位置和大小。如果癌症已經擴散到許多骨骼部位且有骨折，則手術可能是較有效的治療方法。然而，如果癌症只是局部轉移，且患者的症狀較輕，則保守治療可能會更為適宜，例如使用抗骨吸收藥物等。

疼痛管理也是治療骨轉移的重要部份，包括使用止痛藥、物理治療、周邊神經阻斷術和放鬆技巧等。止痛藥可以減輕疼痛，但需要注意用藥的時間和劑量。物理治療可以幫助患者增加肌肉力量和靈活性，減少疼痛和骨折的風險。周邊神經阻斷術可以通過阻斷神經傳導疼痛信號來減輕疼痛。放鬆技巧可以幫助患者減輕壓力和焦慮，進而減輕疼痛和提高生活質量。

此外，營養和運動也可減輕骨轉移患者的症狀。良好的營養可以幫助患者維持身體健康，提高免疫力，促進康復。運動可以幫助患者增加肌肉力量和靈活性，減少疼痛和骨折的風險，同時也有助於緩解壓力和焦慮。

總括而言，骨轉移是一種嚴重的癌症併發症，需要及早診斷和治療。除了手術外，抗骨吸收藥物和化療等治療方式也可以有效地減輕患者的症狀和延緩疾病的進展。最適合的治療方法應該根據患者的病情和症狀以及醫生的建議進行選擇。

資料來源

- Cancer Online Resource Hub. Cancer online resource hub. December 2022. Accessed March 2023. https://www.cancer.gov.hk/en/
- Al Farii H, Frazer A, Farahdel L, AlFayyadh F, Turcotte R. Bisphosphonates Versus Denosumab for Prevention of Pathological Fracture in Advanced Cancers With Bone Metastasis: A Meta-analysis of Randomized Controlled Trials. J Am Acad Orthop Surg Glob Res Rev. 2020;4(8):e20.00045. doi:10.5435/JAAOSGlobal-D-20-00045
- Coleman R, Hadji P, Body JJ, et al. Bone health in cancer: ESMO Clinical Practice Guidelines. Ann Oncol. 2020;31(12):1650-1663. doi:10.1016/j.annonc.2020.07.019
- Rajani R, Quinn RH. Metastatic bone disease. OrthoInfo. August 2021. Accessed March 2023. https://orthoinfo.aaos.org/en/diseases--conditions/metastatic-bone-disease/.

骨科康復

咦？「外骨骼」係咪即係
好似變形金剛咁樣？

並不是呢！
我的外骨格係…

…根據獨角仙和螃蟹嘅結構
製造出嚟嘅電動支架！

骨科康復新里程同預防骨折嘅願景

羅尚尉醫生

「骨科康復」這個名字對普羅大眾而言可能相對陌生，其實是骨科整個治療概念當中非常重要的一環，由物理治療、作業治療到假肢矯形，希望提供長遠而全面的康復服務，從而提升病人的活動和自理能力，希望他們重新融入社會，做到真正的「康復」。

前文為大家探討過髖關節手術對康復的重要性。無疑手術有利縮短病人的臥床時間，但即使康復出院，並不代表病人能百分百恢復昔日的活動及自理能力。我們遇過有些老友記，過往「行得走得」，髖部骨折後要用助行架甚至坐輪椅，家人特別聘請外傭照顧其起居飲食，甚至要入住護養院。數據顯示，在髖部骨折之後，80歲以下的病人一年內無法獨立行走約佔30%，而一年內的死亡率亦高近20%[1]，後患依然無窮。也許曾經歷骨折，他們寧願終日在家中聽收音機和看電視，也不願到街上走走，慢慢地社交圈子變得狹窄，長期留在家中也衍生其他心理和生理問題。這種生活與我們心目中的「康復」背道而馳，因此根據病人制訂個人化的骨科康復計劃，有助他們及早重投社會。

此外，預防骨折也是不可或缺的部份。假如骨質疏鬆問題未有得到處理，病人可能經歷接二連三的連環骨折。預防要由兩方面做起，包括改善骨質密度及避免跌倒。改善骨質密度由運動和飲食做起，如有需要醫生會同時安排藥物治療，希望減慢骨質流失甚至促進造骨[2]；避免跌倒方面則要留意家居環境，可安裝扶手和照明系統、在浴室增設防滑墊、清除家中雜物和避免地面不平等等，盡量減少家居意外的發生。再配合社區在脆性骨折聯合照護網絡（Fracture Liaison Service, FLS）上的合作，增加骨質密度檢查的普及和藥物治療之比率，將被動性的骨折治療轉為主動性的介入治療，從而減低整體老齡人口的骨折風險。

骨折後一直都行得唔好，佢係咪以後都行唔返啦？有冇其他辦法？

外骨骼機械腳（Exoskeleton）技術是近年骨科康復的新科技，就如科技電影般即使角色下半身完全癱瘓，也可以透過高科技的器械重新站起來。這種動力「外骨骼」（Powered Exoskeleton）系統是仿照獨角仙等昆蟲和螃蟹等甲殼動物，可簡單理解為一個腰部及腳部的電動支架，利用分佈於各部位的感應器來偵測和控制病人的移動，從而協助其站立和行走。髖部骨折病人雙腳可能仍有少許活動能力，外骨骼機械腳有助重拾正常行走的樂趣，並改善長期坐輪椅而引致的關節攣縮、骨質疏鬆和血液循環等問題。雖然目前外骨骼機械腳的技術尚未算得上相當普及，本港只有少數公立醫院和非牟利機構配備相關設備，展望未來我們繼續積極發展相關技術，讓更多病人受惠。

資料來源

1. Leung KS, Yuen WF, Ngai WK, et al. How well are we managing fragility hip fractures? A narrative report on the review with the attempt to setup a Fragility Fracture Registry in Hong Kong. *Hong Kong Med J.* 2017;23(3):264-271. doi:10.12809/hkmj166124
2. Wong RMY, Cheung WH, Chow SKH, et al. Recommendations on the post-acute management of the osteoporotic fracture - Patients with "very-high" Re-fracture risk. *J Orthop Translat.* 2022;37:94-99. Published 2022 Oct 10. doi:10.1016/j.jot.2022.09.010

加油！加油！

衝線啦！好嘢！

大家都跑得好快啊！

截肢後我仲可以好似之前一樣跑步、跳舞同着高跟鞋嗎？

羅尚尉醫生

截肢後我還可以像之前一樣跑步、跳舞和穿高跟鞋嗎？這對肢體健全的人來說，可能是很容易做到的事；但對做了截肢手術後的病人，的確是一大疑問。雖然截肢使病人肢體發生不可逆轉的變化，與別人看起來不太一樣，但他們思想健全，精神世界豐富，與其他人又有甚麼分別呢？

作為骨科及康復專業，當然希望截肢病人盡早康復，逐漸返回工作崗位及走到社區享受生活。要滿足病人的要求，就需要依靠持續創新的科技。

截肢者穿着高跟鞋已經不是夢想。一雙可隨意調校腳跟高度的義肢對需要頻頻換鞋的截肢者而言就變得特別重要。跟高可調的功能讓病人可以在家裏環境穿着拖鞋，或在室外活動中穿着不同鞋履高度時調整腳跟高度，只需輕輕觸碰有液壓功能的踝關節推桿掣，便可以輕鬆調整1-7cm的後跟高度。

而高活動量的運動型義肢也被稱為刀片義肢，主要是碳纖維及樹脂的合成物，材料同時具備了堅硬及柔韌的特性，提供了正比例的反彈力量。這款刀片義肢需要根據病人體重及活動量來特別訂造。經精準計算後，用約50-80層碳纖維製成模仿森林獵豹後腿形態，設計成J形彎曲的足踝形狀，可以有效回彈原本形狀，為跑者提供穩定及前進能量，能適應不同地形及切換運動的功能。我們可以看到在傷殘奧運會的比賽，雙小腿的截肢者用上這款義肢，參加100米短跑比賽，結果與健全人士奧運會的紀錄只相差一秒左右。在香港已有截肢者穿上刀片義肢參加毅行者、戈壁沙漠、草原等知名跑步及徒步比賽。

現代的義肢結合了智慧、科學及藝術，令人見而生畏的義肢變成引人入勝的產品，也能讓截肢者發揮到別人沒有的潛能。

製作委員

羅尚尉醫生

李揚立之醫生

林欣婷醫生

吳曦倫醫生

李家琳醫生

鳴謝各位撰稿者

容樹恒教授
Prof Patrick Yung

郭健安醫生
Dr KO Kwok

陳家亮教授
Prof Francis Chan

羅尚尉醫生
Dr SW Law

王添欣教授
Prof Michael Ong

凌家健教授
Prof Samuel Ling

黃文揚教授
Prof Ronald Wong

曹知衍醫生
Dr CY Tso

趙竑機醫生
Dr Calvin Chiu

麥柱基醫生
Dr Michael Mak

羅英勤醫生
Dr George Law

余敬行醫生
Dr Dennis Yee

蔡子龍醫生
Dr TL Choi

黃宇聰醫生
Dr YC Wong

李揚立之醫生
Dr Lucci Liyeung

林欣婷醫生
Dr Gloria Lam

周敏慧醫生
Dr Esther Chow

麥淑楹醫生
Dr Jodhy Mak

吳曦倫醫生
Dr Jonathan Ng

劉曉和醫生
Dr Jacky Lau

李汶龍醫生
Dr Moses Li

婁耀冲醫生
Dr Adam Lau

尹聰瑋醫生
Dr Raymond Wan

譚倬賢醫生
Dr John Tam

李家琳醫生
Dr Michelle Li

蔡汝熙醫生
Dr Kendrew Choi

胡安暉醫生
Dr Arthur Woo

徐鈞鴻醫生
Dr Moya Tsui

伍嘉敏醫生
Dr Karen Ng

文樂知醫生
Dr Sheryl Man

江卓穎醫生
Dr Cheryl Kong

黃盈盈醫生
Dr Ashley Wong

黎海晴醫生
Dr Jojo Lai

彭傲雪醫生
Dr Florence Pang

Thank you!

書　　名　40段刻骨銘心的對話——骨病解難Q&A
作　　者　香港中文大學矯型及創傷學系
繪　　圖　李揚立之醫生
責任編輯　王穎嫻
美術編輯　蔡學彰
出　　版　天地圖書有限公司
香港黃竹坑道46號
新興工業大廈11樓（總寫字樓）
電話：2528 3671　傳真：2865 2609
香港灣仔莊士敦道30號地庫（門市部）
電話：2865 0708　傳真：2861 1541
印　　刷　美雅印刷製本有限公司
香港九龍官塘榮業街6號海濱工業大廈4字樓A室
電話：2342 0109　傳真：2790 3614
發　　行　聯合新零售（香港）有限公司
香港新界荃灣德士古道220-248號荃灣工業中心16樓
電話：2150 2100　傳真：2407 3062
出版日期　2023年11月 初版

ISBN : 978-988-8551-15-6